HOW TO
TASTE
COFFEE

如何品飲咖啡

19個練習，開拓感官技巧，
品嘗每杯咖啡的全貌

Jessica Easto 潔西卡・伊斯托　著

魏嘉儀　譯

飲饌風流 130

如何品飲咖啡
19個練習，開拓感官技巧，品嘗每杯咖啡的全貌
HOW TO TASTE COFFEE: DEVELOP YOUR SENSORY SKILLS AND GET THE MOST OUT OF EVERY CUP

作者	潔西卡・伊斯托（Jessica Easto）
譯者	魏嘉儀
出版	積木文化
總編輯	江家華
責任編輯	關天林
版權行政	沈家心
行銷業務	陳紫晴、羅伃伶
發行人	何飛鵬
事業群總經理	謝至平

城邦文化出版事業股份有限公司
115台北市南港區昆陽街16號4樓
電話：（02）25000888 傳真：（02）25001951

國家圖書館出版品預行編目（CIP）資料

如何品飲咖啡：19個練習,開拓感官技巧,品嘗每杯咖啡的全貌 / 潔西卡.伊斯托(Jessica Easto)著；魏嘉儀譯. -- 初版. -- 臺北市：積木文化出版：英屬蓋曼群島商家庭傳媒股份有限公司城邦分公司發行, 2025.03
 面； 公分
 譯自：How to taste coffee : develop your sensory skills and get the most out of every cup
 ISBN 978-986-459-658-4(精裝)

1.CST: 咖啡

463.845　　　　　　　　114000678

發行／英屬蓋曼群島商家庭傳媒股份有限公司城邦分公司
台北市南港區昆陽街16號8樓
讀者服務專線：（02）25007718-9
24小時傳真專線：02-25001990-1
服務時間：週一至週五上午09:30-12:00；下午13:30-17:00
郵撥：19863813 戶名：書虫股份有限公司
讀者服務信箱：service_cube@hmg.com.tw
城邦網址：www.cite.com.tw

香港發行所／城邦（香港）出版集團有限公司
香港九龍土瓜灣土瓜灣道86號順聯工業大廈6樓A室
電話：852-25086231　傳真：852-25789337
電子信箱：hkcite@biznetvigator.com

馬新發行所／城邦（馬新）出版集團Cite (M) Sdn Bhd
41, Jalan Radin Anum, Bandar Baru Sri Petaling, 57000 Kuala Lumpur, Malaysia.
電話：603-90563833　傳真：603-90576622
電子信箱：services@cite.my

美術設計	郭忠恕
製版印刷	上晴彩色印刷製版有限公司

城邦讀書花園
www.cite.com.tw

HOW TO TASTE COFFEE: Develop Your Sensory Skills and Get the Most Out of Every Cup
by Jessica Easto
Copyright © 2023 by Jessica Easto
Published by arrangement with Agate B2, an imprint of Agate Publishing, Inc.
c/o Nordlyset Literary Agency
through Bardon-Chinese Media Agency
Complex Chinese translation copyright © (2025) by Cube Press, a division of Cite Publishing Ltd.
ALL RIGHTS RESERVED

【印刷版】
2025年3月27日 初版一刷
售價／550元
ISBN 978-986-459-658-4
Printed in Taiwan.
版權所有・翻印必究

【電子版】
2025年3月
ISBN 978-986-459-659-1（EPUB）

目 錄

味蕾鍛鍊列表 • 7
本書簡介 • 9

第一章
咖啡風味：多模態之謎 • 21

第二章
咖啡與基本味覺 • 29

第三章
咖啡與風味 • 59

第四章
開發你的品飲咖啡之舌 • 103

第五章
品飲咖啡的訣竅 • 143

致謝 • 169
延伸閱讀 • 171
專有名詞 • 173
咖啡風味輪 • 178
品飲咖啡資源 • 180
註釋 • 183
索引 • 194

味蕾鍛鍊列表

基本味覺：苦 37
基本味覺：酸 41
基本味覺：甜 45
基本味覺：鹹 47
基本味覺：鮮 49
你是超級味覺者嗎？ 52
基本味覺？還是鼻後嗅覺？ 65
澀味？還是苦味？ 74
醇厚度的重與輕 77
探討醇厚度 82
果香 114
果乾 117
柑橘酸、蘋果酸與醋酸 122
花香 125
堅果 127
可可 129
綠色植物 131
生＋烘焙＋燒焦 136
認識混合抑制 163

本書簡介

我們為什麼會享受咖啡？的確，一部分是因為咖啡帶有溫和的提神作用。咖啡啟發了數世紀以來許多偉大天才的想法，為許多艱難作品與創新注入燃料，潤滑了思想及文化的交流，也在世界各地數不盡的初次見面中扮演助攻的角色。不僅如此，咖啡獨特且複雜的風味如同感官的交響樂，是體驗驚喜、創造回憶與珍藏回味的機會。

現代咖啡種植、後製處理與烘焙技術——旨在展現眾多咖啡品種本身的多元特色——為咖啡愛好者打造了一座盡情探索與享受多層次風味的世界。也許各位和我一樣，踏入咖啡世界的旅程都是先從速食咖啡（「第一波浪潮」），進入大型連鎖咖啡廳（「第二波浪潮」），再到小型獨立咖啡店的「精品咖啡」，我稱之為工藝咖啡（「第三波」、「第四波」與天知道還有第幾波），而我們都在杯中嘗到了美味的水果、堅果與可可香。

賞鳥愛好者往往會提到那隻燃燒自己賞鳥魂的「啟蒙鳥」。咖啡愛好者也常有類似的「啟蒙咖啡」——那杯咖啡一箭穿心，讓我們發現咖啡嘗起來竟然可以遠遠不只是一杯……咖啡，這杯獨特的咖啡有別於所有曾經嘗過的。也許這是一杯超級平衡且完全沒有苦澀味的咖啡；也許那是一杯極其複雜的咖

啡,隨著逐漸冷卻,好似變成三杯截然不同又都很美味的咖啡;又或者這是一杯日曬衣索比亞咖啡,以極度明確的藍莓風味讓你大開眼界。「這杯咖啡是有加什麼香精嗎?竟然沒有!」這是撼動人心的時刻,從此,各位將在接下來的每一杯咖啡裡,試著再次找到這般奇幻感受。

《咖啡感官與杯測手冊》(*Coffee Sensory and Cupping Handbook*)的序言中,作者馬力歐・羅伯托・費爾南德—阿爾杜恩達(Mario Roberto Fernández-Alduenda)與彼得・朱利安諾(Peter Giuliano)寫道:「精品咖啡產業建立於風味概念,此話一點也不誇張。」[1] 精品咖啡與商業咖啡的核心差異在於品質——而風味即品質。在過去數十年之間,咖啡產業致力於協助生產者增進與行銷風味,並且為了評估與衡量品質,開發出一系列標準化的方法,同時訓練專家能辨識並明確表達風味。到了近幾年,咖啡產業開始與感官科學研究者合作,為日益增長的知識、數據與規範體系,注入學術性的精確嚴謹。如同費爾南德—阿爾杜恩達與朱利安諾所言,由於評估與衡量品質的工具是我們人類,所以目標就是藉由降低偏見與誤差,「有效表達人類感官如何感受咖啡飲品」。[2] 換句話說,咖啡產業正努力將品飲咖啡的奇妙體驗轉譯編碼,並以科學證實。

由精品咖啡協會(Specialty Coffee Association,SCA)於 2021 年出版的這本手冊,就是咖啡產業為了達成此目標的合作成果之一,世界咖啡研究中心(World Coffee Research)的《咖啡感官辭典》(*Sensory Lexicon*)與「咖啡風味輪」(Coffee Taster's Flavor Wheel)等相關風味標準化資源,也同樣圍繞著感官層面(即我們品嘗咖啡時用來描述的詞彙)。另一個消費者更熟悉的用語,就是風味關鍵字。

嗯，說到風味關鍵字，我想各位在常去的精品咖啡店與常買的咖啡豆袋上應該都見過，例如巧克力、核桃、草莓。店家試著以這類字詞描繪我們追求的高品質風味體驗，當然，我們的購買意願也往往會因此提高些。話雖如此，我相信身為咖啡愛好者的各位，也經常懷有被風味關鍵字誤導、大失所望，或甚至慘遭背叛的感覺。也許，各位已經完全摒棄了風味關鍵字。也許，各位早已深知咖啡風味的變化莫測，所以一開始就直接忽視風味關鍵字。

很多人可能都曾經看過「烤棉花糖」的風味關鍵字，然後心想這一定很好喝，結果完全嘗不到任何類似的風味。也許，各位的第一個反應也是責怪自己，你並不孤單。你可能會覺得一定是自己的味蕾不夠敏銳，又或是咖啡師或自己把咖啡沖壞了。你是不是也曾經因為風味關鍵字名不符實，而玷污了好好享受一杯咖啡的體驗嗎？難道，我們注定要在沒有可靠的指引之下，茫然追尋極致美妙的風味嗎？為什麼相關研究已經如此之多，在咖啡豆包裝好好寫下裡頭有什麼味道還是如此之難？

我確信，「我們這裡有的，就是溝通失敗。」* 沒錯，咖啡產業在研究感官科學與訓練專家評估衡量高品質咖啡方面，已經投注了龐大的努力。《咖啡感官與杯測手冊》的主要目標就是幫助感官科學家與專業咖啡品飲者之間的有效溝通。《咖啡感官辭典》則收錄了風味物質與詞彙，讓咖啡專業貿易語言標準化。然而，我不是很確定這類資訊，是否也有助於將購買與欣賞咖啡的資訊完整地傳遞給我們——也就是熱愛咖啡產業推廣的高品質咖啡的消費者。大多時候，我們僅能得到些許風味關鍵字、一點點感官科學的碎片，或是缺乏能夠完整理解的資訊片段。

---

* 沒錯，引用的就是1967年由史都華．羅森柏格（Stuart Rosenberg）執導的電影《鐵窗喋血》（Cool Hand Luke）中典獄長的台詞。

我希望咖啡產業能多向消費者介紹與分享咖啡風味詞彙與風味輪，如此一來，不僅能增強消費者享受咖啡的強度，也能邀請我們進一步探索咖啡世界的多元，並幫助我們判斷該不該下手購買面前這包咖啡豆。但在現實生活中，目前並沒有任何一致且廣泛的消費者咖啡風味教育與溝通方式。依我隨意的觀察之下，想到了以下幾個可能原因。

首先，雖然前面提到的許多工具似乎已經在許多科學家、咖啡農人、生豆商、品鑑師及烘豆師之間廣為流傳，但大多數咖啡師（也就是許多消費者眼中的精品咖啡代言人），並未接受感官訓練，或甚至是待客訓練，因此對於標準化的風味語言一無所知。美國當地的咖啡師（如同許多餐飲服務從業人員）往往僅能獲得偏低的薪資待遇，或缺少增進服務表現的支持，因此現況如此能夠理解。

再者，就算是咖啡店的員工或烘豆師訓練有素，也不見得一定是使用標準化的風味語言。某些地方會發展出自家獨特語言，有時顯得更詩意些、更主觀些，在身為研究過語言並寫過大量行銷文案的我眼中，這類風味語言並非源於消費者的研究，或是咖啡產業的標準行銷策略。換句話說，這類方式既無法教育，也無法吸引消費者。會有這樣的發展也並不意外，因為精品咖啡世界就是主要由眾多小型獨立咖啡店組成的龐大網絡，這樣的小型獨立咖啡店既沒有時間，也沒有足夠的資源聘請專業行銷人員。

這樣的結果就是主觀且不一致的風味語言，以消費者的角度而言，這樣的語言充其量是毫無幫助，更糟糕的就是使人感到困惑。當我們使用的是不同的語言，又對用詞定義沒有共識時，便無法有效溝通。也因此，精品咖啡協會開始與科學家合作，一同創造標準咖啡語言，將我們嘗到與聞到的風味物質

> 風味是一種體驗。
> 一旦我們擁有共享的體驗（風味物質），
> 以及共同的語言（字詞），
> 才能有效地溝通交流咖啡風味。

與字詞連結。風味是一種體驗。一旦我們擁有共享的體驗（風味物質），以及共同的語言（字詞），才能有效地溝通交流咖啡風味。

我的意思並非沒有任何人與消費者達成有效溝通。某些人與組織都在做這件事，某些研究者更是專精於此。但是，我們消費者在咖啡風味方面依舊尚未有廣泛共識。我們並不清楚咖啡風味到底是如何運作，我們也不知道如何討論風味。據我所知，精品咖啡協會在咖啡語言方面，並未協助提供咖啡店任何市場行銷資源，也並未提供任何有心自學的消費者許多學習資源。

簡而言之，以上就是我撰寫本書的原因。我深信，扎實的知識基礎能點燃更深層的欣賞與享受，尤其是咖啡。當各位發現製作出我們手中這杯咖啡，背後藏著多麼龐大的人數與工作量，一杯咖啡將變得好似奇蹟誕生。當各位了解咖啡萃取過程的基礎科學，一杯美味咖啡就如同不可能的任務般稀有。就像任何興趣或嗜好，都需要努力學習。想要投入努力的各位，可以參考我的第一本書《精萃咖啡：深入剖析 10 種咖啡器材，自家沖煮咖啡玩家最佳指南》（Craft Coffee: A Manual），我希望藉由該書幫助各位展開在家品嘗咖啡的旅程。其中除了提供萃取與沖煮咖啡等相關資訊，也有提到咖啡風味的基本概述，但並未過度強調，因為「享受一杯咖啡，並不需要知道自己為什麼會喜歡它」。

> 我的任務就是將資料集結於一書，
> 並將咖啡師的專業術語翻譯成白話文，
> 讓愈來愈多人不再覺得精品咖啡遙不可及。

這句話依舊是事實。但是最近，我開始認為咖啡風味應是最終未入之境——也許各位會想要手邊有一張地圖。也許，各位會想要知道為什麼自己會喜歡或不喜歡某杯咖啡，也會想要更有意識與想法地品嘗咖啡。也許，各位可能想要知道風味關鍵字是從何而來，以及為何效用似乎往往會不如預期。也許，各位也會想要多知道一些咖啡風味背後的科學原理。也許，各位還會想要開發自己的味蕾，找到咖啡探索旅途更多趣味。然後，也許各位會想要拓展感官方面的詞彙，讓自己能加入咖啡話題。

我在撰寫第一本書的時候，我的任務就是將資料集結於一書，並將咖啡師的專業術語翻譯成白話文，讓愈來愈多人不再覺得精品咖啡遙不可及。語言常常是咖啡消費者與專業人士之間的隔閡——即使是咖啡專業人士就在我們面前直接溝通。只要曾經在精品咖啡上花過一些時間，就一定知道咖啡豆袋與咖啡店菜單上往往寫滿了許多詞彙。剛開始，各位一定會覺得應該準備一本字典才能順利點杯咖啡，例如「衣索比亞，日曬，V60」、「藝伎，巴拿馬，濾沖」、「聖塔菲，哥倫比亞，水洗，Chemex」。

一般而言，關於咖啡品種、產地與後製處理等資訊便是品質保證，代表的是，「我是一名重視咖啡如何種植成長與後製處理的烘豆師，而且我的烘豆資訊公開透明」。這是十分重要的事。但是，我們消費者最想得到的，就是一杯美味的咖啡，同時也想要能夠人們聊聊這杯咖啡。某些關於風味的資訊確實

能夠從產地、後製處理等語言窺探一二，但這有點複雜。其中似乎沒有什麼是一致的，也沒有硬性規則，同時也尚有許多領域有待探索。那麼，我們該怎麼辦？許多人都依賴這些該死的風味關鍵字。畢竟，這些關鍵字應該能告訴我們咖啡有些什麼味道。

而這本書，就是我試著在咖啡專業人士與咖啡愛好者之間，建立語言與知識的橋樑。我利用本書解釋我們感官系統背後的科學原理，並提供咖啡感官科學界的「國情報告」，同時利用各種練習幫助各位（1）獲得感官體驗，（2）利用咖啡業界的名詞稱呼這些體驗，幫助各位開發味蕾。在此過程，便能一點一滴揭開風味關鍵字的神秘面紗，並讓你獲得四處探索新咖啡與找尋偏愛風味的導航工具。本書也花了不少篇幅忙著讚嘆風味的神秘。希望我在本書分享的資訊與想法，能激勵各位帶上更多欣賞與想像之情，更大量廣泛地品嘗、有意識地啜飲。

進行本書研究的過程中，我參加了精品咖啡協會的感官研討會（Sensory Summit），也參加了一些咖啡品飲課程。但是，我必須先明確向各位說明一件事：我既不是科學家，也不是專業咖啡品飲人士，本書也不會教導各位如何成為一位專業咖啡品飲師。各位在接下來的閱讀過程很快就會發現，專業咖啡品飲帶有十分具體的目標，與購買及販賣生豆、研發產品、品質控管和科學研究相關。我們的目標則極為不同。我們的目標是享受。話雖如此，本書的確依靠了部分咖啡產業的工具（世界咖啡研究中心的《咖啡感官辭典》與「咖啡風味輪」），書中部分練習也與專業咖啡品飲課堂上的相同或相似。

本書將會是各位進入咖啡感官體驗與味蕾發展的入門介紹。準備好踏上一場奇妙、曲折又美好的旅程吧！

前言

我撰寫這本書的原因之一，大致而言，是依目前的情況來說，在精釀啤酒吧與葡萄酒吧光看菜單就能點到一杯自己八成會喜歡的酒，似乎比在咖啡店點到喜歡的咖啡更容易。換句話說，如果各位喜歡美食與美酒，可能會知道自己想要紅酒或者白酒，不甜的或者甜的酒。你也可能會知道 IPA 啤酒代表會有多一些啤酒花的苦味（不論你喜不喜歡）。也就是，我們對一部分啤酒與葡萄酒的專有名詞及其定義都大致了解，不論身在哪一間店，都能放心使用這些專有名詞點到想要的東西。

反觀咖啡，許多我的朋友與讀者都會說點咖啡的時候，往往不會知道最後拿到的咖啡會是什麼味道。當他們根據風味描述（或其他特質）挑選咖啡時，很難保證這杯咖啡能符合預期。因此，某些人乾脆直接每次都買熟悉的配方豆。還有人則是「隨遇而安」，享受任何可能嘗到的風味。

當我大聲宣布要著手寫這本書的時候，我的目標就是乾淨利落地解決這個問題。我希望可以賦予讀者從菜單點選咖啡的技能，可以對自己的選擇懷抱自信，就像是能充滿自信地說我比較喜歡比利時風格啤酒而不是 IPA。然而，隨著研究漸深，我也感到愈漸謙卑。我知道本書的確能幫助各位變成更厲害的咖啡品飲者，能更容易表達品嘗到的風味，能更欣賞這個你我都鍾愛的苦味飲品，但是我想，我或任何人都無法獨力解決這個「問題」。事實證明，咖啡感官科學是一個極其複雜且正在發展的領域，許多原因都讓選擇一包咖啡豆的難度比點一杯葡萄酒或啤酒更高。簡而言之，咖啡風味並非十分簡單明瞭——以下說明應該能幫助大家了解何以如此。

首先，絕大多數（雖然不是所有！）的咖啡風味關鍵字都很幽微——無可避免。咖啡鮮少如同橡木桶陳年的夏多內或帶香蕉風味的比利時啤酒那般，風味特色能強烈衝擊感官。各位也許能從咖啡辨認出某些風味，尤其是最熟悉的風味，而且甚至是輕而易舉。但是，有意識地品飲者必須透過練習。這是一種能夠開發的技巧。好消息是，任何人都能成為更厲害的品飲者，本書的練習與訣竅就能協助各位做到。

但是，咖啡與葡萄酒及啤酒之間還有一個更大的差異，又讓一切更複雜一些：咖啡必須現沖。一杯咖啡只由兩種成分組成——咖啡與水——而這兩種物質都非常不穩定。基本上，任何事物都會影響咖啡的味道，從咖啡在哪兒生長、如何後製處理，再到如何烘焙、存放時間長短，以及如何沖煮。咖啡店菜單與咖啡豆袋上的風味關鍵字，描述的是某個時刻的風味。寫下這些風味關鍵字的人，是用某一種特定的水、以特定的方式沖煮，並在某個特定的時間內品飲。即使所有因素都能掌控到一致，但想要控制水質成分其實不切實際。不同地區的水質都不一樣，其中因為礦物質的濃度不同，會影響咖啡的萃取情況，進而影響咖啡風味。換句話說，咖啡風味是一個不斷移動的箭靶，想要為一個風味不斷產生細微變化的東西寫下關鍵字，實在很困難。

另一個值得記住的要點是，我們在本書討論探索咖啡風味光譜的能力其實相對較新，所以並非所有人都能輕鬆地享受這類咖啡。多數人不會在嘗試第一杯黑咖啡的時候，心想「哇！這東西真好喝」。一部分原因在於，多數的經驗都是先嘗到品質較低的咖啡，才有機會接觸到高品質咖啡（記得，風味就是品質）。我們簡直可以說是被低品質咖啡淹沒，我們往往也只能買到這樣的東西。另一方面，一部分原因也在於，咖啡天生是一種帶苦味的飲品。這

本書簡介　17

類擁有所謂「練出來的品味」的食物與飲品，例如咖啡、啤酒與葡萄酒，通常都擁有某些特質（例如苦味），此特質會告訴我們原始大腦，「嘿！這是毒藥！很危險！快住口！」一旦我們沒有中毒倒下，我們就能透過降低味蕾的敏感度，練出享受危險食物的品味。各位朋友，你們已經擁有享受咖啡的品味，已經越過了第一道門檻！

不過在各位深入閱讀本書之前，我想要先確認各位都知道，接下來即將討論與推薦的是何種咖啡。書中多數皆是以現代烘焙技術完成的高品質咖啡豆。這些咖啡豆都是以強調豆子本身獨有特色為目標進行烘焙。咖啡豆充滿了各種化合物，讓風味類型相當廣泛，包括水果、花朵、堅果與可可等等。如同優質葡萄酒、啤酒、茶、起司與巧克力，咖啡也擁有同樣複雜的潛力。咖啡生豆的後製處理與烘焙，不僅能帶出咖啡天生擁有的風味，同時賦予了新的風味。完成的就是「多元且多變之作品」。[3] 雖然這麼說稍嫌籠統，但這類烘焙概念大多可見於我所謂的工藝咖啡烘豆師。這就是工藝咖啡與其他精品咖啡之間的差異之一。

多數人熟悉的傳統烘豆方式，強調的是帶有烘焙特色的風味（也就是烘焙過程才賦予咖啡豆的風味）──深沉、烘烤與苦味為主要風味關鍵字。傳統上，這些風味描述常會讓人聯想到咖啡。這類風味很強烈，往往會掩蓋杯中的其他風味。別誤會了，許許多多傳統烘豆師都能做出十分平衡的美味咖啡，尤其是擁有深厚烘豆藝術歷史的國家，例如義大利。然而，這類咖啡僅表現出咖啡風味輪的一部分。如果各位在進行本書練習時選用這類咖啡豆，很有可能嘗不到許多書中提到的風味。也就是杯中的咖啡根本沒有那些風味。以現代技術烘焙的咖啡嘗起來仍然像是咖啡，但又多了些風味。而本書所熱愛的

> 如同優質葡萄酒、啤酒、茶、起司與巧克力，
> 咖啡也擁有同樣複雜的潛力。

就是這類咖啡。另外，長久以來，咖啡總有與乳製品一同品嘗的習慣。其實，許多咖啡甚至以此目標進行烘焙，以便與帶有脂肪與糖分的蒸奶混合——例如咖啡歐蕾、拿鐵、康寶藍等等飲品。本書主要將焦點放在咖啡本身，我們品嘗的是沒有任何額外添加的黑咖啡。

選擇高品質咖啡的原因不只這些，雖然某些必須睜大眼睛尋找。* 幾乎占領所有美國雜貨店貨架的低品質咖啡，使用的咖啡品種特質就是苦味較明顯。更糟糕的是，把咖啡豆烘焙到極致一直以來都是一種品質標準。多數消費者普遍希望無論何時或何地購買的產品，都應該擁有穩定不變的味道。而想要咖啡豆也做到這一點，最簡單且最有效率（成本效益層面）的方式就是抹除一切獨有的特色。美國某些精品咖啡連鎖店也是採用此方式。這樣的咖啡豆就是油膩、極苦且焦黑。這類據說啟發自傳統義大利咖啡（卻一點也沒有義大利咖啡的影子）的風格，在美國與其他世界許多地方幾乎無處不在。它扭曲了我們對於咖啡風味的認識，某種角度而言，工藝咖啡必須努力扭轉這樣想法。由於這一切，咖啡風味的潛力被大大誤解。而我希望能扭轉這樣的誤解。

好了。免責聲明到此為止。各位可以開始進入第一章了。

---

* 除了風味，認真看待風味的烘豆師，通常也認真看待透明性與公平性，也就是提供咖啡農公平合理的費用（往往比所謂的公平交易價格更高）。咖啡農受到剝削的歷史很長，因此這部分亦十分重要。請深入了解你的烘豆師！

CHAPTER 1
第 一 章

咖啡風味：千變萬化的謎團

咖啡是一種極為複雜的製品。科學界已經從咖啡辨識出大約一萬兩千種我們感官能夠感受到的化合物。[1] 我們的五種感官（味覺、嗅覺、觸覺、視覺與聽覺）對於咖啡品飲體驗皆有所貢獻。正如科學家所言，咖啡風味是一種多元模式的體驗。在本書，我們會聚焦在前三種感官：味覺、嗅覺與觸覺（也就是咖啡入口後的口感體驗）。這三者共同形塑了所謂的風味。*

我們即將分別探索這三類感官，但在現實生活中，當我們吃或喝些什麼時，我們很難明確區分這三種感官體驗。首先。這三類感受會互相影響。** 此外，它們會同時在大腦與大腦邊緣系統（limbic system，也就是所謂的原始大腦）進行處理與合成，結果就是「風味的瞬間感受」，而這部分在科學方面的研究尚不明朗。我們人類十分擅長這方面的感受。在撰寫本書之際，即使是電腦也無法如人類一般，能如此快速且精確地分析與辨識風味。[2]

整體而言，咖啡感官科學直到相對近期才進入嚴謹學術研究，因此我們對於咖啡風味的具體了解仍有許多未知領域。科學研究已證實，不論咖啡豆的品種、烘焙與後製處理方式為何，人們都能輕鬆地認出咖啡是咖啡。[3] 咖啡擁有十分明確（雖然很難形容）的特質。雖然咖啡的科學研究方面已經有所進展，但目前仍無法確認組成咖啡的一萬兩千種化合物，是如何形成咖啡的獨有特質——或是為何一杯咖啡也可以同時嘗到許多其他味道。

---

* 部分科學家認為風味不包含觸覺。

** 也因如此，部分科學家會將觸覺納入風味的一環。咖啡領域的部分跨模式影響研究十分有趣，換句話說就是各種感知如何影響我們對於咖啡的感受。神經科學家法比亞娜‧卡瓦里歐（Fabiana Carvalho）為精品咖啡感官科學的先驅。她的研究非常酷，包括研究視覺如何影響咖啡感受。找找她的研究資料吧！

再者，科學儀器的化合物測量無法預測我們的風味感知，至少目前的儀器無法做到。[4] 因此，唯一能測量風味的方式，就是我們人類！感官科學領域就是將人類當作儀器，研究風味感知，美國加州達維斯咖啡中心（UC Davis Coffee Center）等部分科學家，目前正專注於咖啡感官體驗的研究。

現在，讓我們把品飲咖啡的多元模式體驗分解成步驟，並利用咖啡專業術語描述。以下的品飲步驟，各位可以在練習與思考本書的練習時，當然也可以在想要有意識地啜飲咖啡時使用。我們接下來也會進一步好好討論與介紹這方面的概念。

乾香

動作：對著現磨咖啡粉深深嗅聞。

食物與飲品的體驗動用了我們所有五種感官——在餐廳裡，我們可能會聽見其他客人餐具與餐盤碰觸的叮噹聲，感受水杯的重量與冰涼，嘗到開胃菜布拉塔起司（burrata）的鹹與鮮。反觀咖啡，不論是在家沖煮或走進咖啡店，在咖啡杯碰到嘴唇之前，第一個宛如籠罩我們的感受就是咖啡特有的香氣。這個現象頗為獨特。例如，當我們走進一間葡萄酒吧時，不會感受到迎面撲來的葡萄酒香。但是，走進一間咖啡店，總是會有熟悉且誘人的咖啡香迎接。那股香氣強烈、瀰漫四周、久久不散。這是每個站在店裡等待咖啡沖煮完成的我們必經的體驗。

我們嗅聞的感知稱為**嗅覺**（olfaction）。我們透過鼻子的嗅覺類型（可以視之為鼻聞）稱為**鼻前嗅覺**（orthonasal olfaction）。專業咖啡品飲者會將這個咖啡體驗的最初階段稱為「乾香」（fragrance），專指現磨咖啡粉尚未接

觸水之前的鼻前嗅覺。乾香是咖啡產業的特有名詞（科學家通常稱為嗅聞「氣味」，不論氣味如何、何時或為什麼產生），但因為這是一本咖啡書，所以為了指稱明確，書中也會使用乾香一詞。

如果各位也曾對著咖啡袋內深吸一口氣，就會知道新鮮的完整咖啡豆就已經很香，但在研磨之後，因為表面積增加，就能進一步釋放更多揮發性化合物。在化學領域，**揮發性**物質容易汽化──也就是物質從液態或固態，變成氣態。揮發性化合物較容易被嗅聞（若是有氣味），這是因為它們容易混入空氣，並一起進入我們的鼻腔。

分子量最小的化合物擁有較高的揮發性，也代表這類物質很容易在空氣傳播，進而跑進我們的鼻腔。這些就是我們聞到咖啡乾香的化合物，它們大多是「最細緻的氣味──奶油、蜂蜜、花朵、水果」。[5] 而這也是乾香與濕香的差異所在。

濕香

動作：對著一杯現煮咖啡深深嗅聞。

對咖啡品飲者而言，咖啡的濕香就是嗅聞現煮咖啡的鼻前嗅覺（再次強調，兩者之間的差異是咖啡界獨有，科學家一樣會稱之為**氣味**）。沖煮的動作（將熱水注入咖啡粉）會將能量轉移到較沉重的揮發性化合物，並使其釋放至空氣中，讓原本無法接觸到的物質被我們的鼻腔聞到。也因此，現煮咖啡的濕香會與咖啡粉的乾香不同──單純是因為揮發性化合物變多了。

24　CHAPTER 1｜千變萬化的謎團

新加入的較重化合物與乾香階段較輕化合物混和之後，有時會完全蓋過乾香的氣味。在濕香階段，我們嗅聞感受最強的化合物來自於烘焙過程的梅納反應（Maillard reactions）。梅納反應就是一系列的化學反應，例如烤麵包、煎牛排或烘豆時食物轉成褐色的過程。因此，濕香階段往往具有不外乎「焦糖、堅果或巧克力等氣味」。[6]

風味

動作：啜飲一口現煮咖啡，（若是願意）快速啜吸讓咖啡布滿整個口腔。

當我們喝進一口咖啡時，會體驗到好幾種感受的結合，而我們稱之為風味。我們的味覺（主要透過味蕾）能偵測五種基本味道──酸、苦、甜、鹹與鮮──這些味道來自於咖啡化合物，會在沖煮的過程溶於水中。我們的嗅覺也會同時轉移到另一種，也就是在口腔內的**鼻後嗅覺**（retronasal olfaction）。當我們啜飲與吞下咖啡時，揮發性化合物會變成氣體，途經咽喉（也就是我們的口、鼻、氣管與食道的連接處），並隨著呼吸進入鼻腔。這也是為何有些人會喜歡快速啜吸咖啡。這種做法能讓咖啡散布整個口腔，有助於讓揮發性化合物汽化，並進入能夠辨識氣味的鼻腔。

我們的觸覺也有所貢獻，觸覺能偵測咖啡的重量、質地（醇厚度〔body〕）與溫度。根據咖啡的不同，我們也能接收到化學感知（chemesthesis），也就是化學刺激（並非物理刺激，例如熱）帶來的「疼痛感」。在品飲咖啡時，我們最常遇到的就是乾燥感，也就是所謂的澀感。辣椒的辣椒素所產生的熱感，也是另一種化學感知。

世界咖啡研究中心與精品咖啡協會的共同合作,已辨識且編碼了咖啡的 110 種風味屬性,並進一步劃分為九大類型:烘焙、辛香料、堅果／可可、甜、花朵、水果、酸／發酵、綠色／植蔬與其他(化學與紙／黴味)。我們將在第四章進一步探討部分屬性的細節。

當沖煮咖啡冷卻,風味會產生轉變。如果各位曾經有把熱咖啡放在一旁,一會兒才想起並喝了一口,也許就已經知道了這一點。部分原因在於我們的味覺會因為溫度而改變(我們即將進一步討論)。[7] 此外,最初使揮發性化合物汽化的熱能開始消散,因此鼻後嗅覺偵測到的化合物混和物會產生改變,而我們對於風味的感知也隨之改變。[8] 如果等待時間夠長,咖啡中的化合物會出現化學層面的變化,往往是由於氧化(暴露於空氣中),並進一步改變味道——通常都是變得比較糟。

尾韻

動作:嚥下咖啡之後,注意餘味。

咖啡品飲者將咖啡體驗的最後一部分稱為尾韻:也就是當口中咖啡嚥下之後,仍然殘存的風味。這種風味感知來自殘存於舌頭與周圍的物質。在咖啡中,不可溶固體(包括脂質)通常是影響尾韻的主因,最常見的尾韻風味為堅果／可可、烘焙與化學物質。[9] 原因在於,可溶化合物(也就是容易溶解於水的物質)在吞嚥時,比較容易被沖刷入喉。不可溶殘留物包含了能與口中的味覺及觸覺受器作用的化合物,不僅如此,也有部分化合物能一路抵達鼻腔,並與嗅覺受器作用——共同構成了風味的便是這三種感官:味覺、觸覺與嗅

覺。再者，由於這些化合物混和物已經與原本口中咖啡的混和物不同，因此尾韻也與咖啡品飲體驗的其他部分不同。

~~~~~

每當我們沖煮與品飲一杯咖啡時，皆如同踏上一場旅程。咖啡風味會不斷地轉化及演變，也代表咖啡能以其他食物與飲品做不到的方式，誘惑我們的感官。因此也不難理解，為何咖啡品飲者會將咖啡感官體驗劃分為不同階段。這趟旅程的每一個階段，都有新的感官面向等待發掘，而這也是細細啜飲與品味一杯咖啡，能如此令人享受的原因之一。

CHAPTER 2

第 二 章

咖啡與基本味覺

我的第一杯咖啡是某個高中畢業後的午後,在一間當時大多客人都是退休人士的當地速食餐館。和我一起去的男孩點了一杯咖啡,為了不想顯得沒見過什麼世面,我也跟著點了咖啡。服務生問我想要奶精與糖嗎?我說不。我的父母都沒有喝咖啡的習慣,所以家裡從來沒有出現過咖啡。我對咖啡一無所知,只知道我爺爺是喝黑咖啡,所以我想,這應該就是喝咖啡的最佳方式。

男孩與服務生異口同聲地再問了一次,確定不要嗎?我感覺自己可能有點裝過頭了,但現在也沒有改口的餘地了。「對」,我說,「我只喝黑咖啡」。冒著熱煙的馬克杯送來之後,我喝了一小口,滿心希望我看起來早已喝過幾百杯咖啡。咖啡超級苦,同時十分稀薄,現在我知道這是經典的速食咖啡:稀薄且過度萃取。我突然明白了為何對坐的男孩會毫不猶豫地在咖啡攪進許多奶精。

不過,從今以後我成為了黑咖啡飲者。這可是我的「正字招牌」。而且,我從不添加其他任何東西,而我第一次喝到高品質咖啡時,這個習慣幫了我不少。這兩種咖啡的差異十分巨大。速食咖啡嘗起來艱澀刺鼻,這杯咖啡卻味道柔順;速食咖啡比較苦,有時還會有焦味,但這杯嘗起來非常不同,甚至可以說是很美味——很難形容如何或為何。但是,我入迷了。

「味道」(taste)與「風味」(flavor)兩詞經常會混用,但以科學角度而言,兩者有所差異。秉持撰寫本書的目的,我們會仔細討論與觀察其中的區別,因為這部分讓咖啡品飲體驗多了些細緻幽微與令人讚賞。味道(味覺)屬於我們的五種感官之一。風味(我們將在第三章探討)則結合了主要三種感官:味覺、嗅覺與觸覺。

味覺是一種化學感知,代表味覺會對化學刺激(稱為味道分子〔tastants[1]〕)產生反應,而非物理刺激。相較之下,我們的視覺、聽覺與觸覺都是對物理刺激(例如光、聲音與壓力)做出反應。味道分子對應於五種基本味道:甜、鹹、苦、酸與鮮。

味覺的運作方式

食物中的化學化合物必須先溶於水,才能與味覺受器相互作用──當食物少了液體介質(例如咖啡)讓化合物溶解,我們的唾液也能協助此過程。一旦味覺受器被食物中的化學物質刺激,就會開始與感覺神經元交流,並進一步與大腦聯繫,而大腦將對這些訊息進行分析並作出反應。整個網路稱為味覺系統。

長久以來,科學家其實不太了解味覺運作的機制。目前其實也正處於了解更多細節的過程。西元前 350 年,亞里斯多德首次提到基本味道:甜、苦、鹹與酸,但直到 1908 年,鮮味才由日本科學家池田菊苗(Kikunae Ikeda)首度提及(西方科學界則是再花了大約一百年的時間才終於接受鮮味)。第一個味覺受器(苦味)是在 2002 年發現;其他味覺受器則是在接下來的十年之間相繼發現。[2] 也許我們還有其他味覺尚未發現,但必須在科學家辨識出相應味覺受器與運作機制之後,才算確定發現了新的味覺。在撰寫本書之際,科學家正爭論著「脂肪味」(fatty,或是更酷炫一點的 oleogustus)是否應該納入第六種基本味道。

味覺的運作機制十分複雜,讓我提供各位一個關於如何偵測味道的很簡單的基本解釋。甜、苦與鮮味的運作方式很相似,也就是透過科學家所謂的「鎖

鑰模式」（lock and key）。甜、苦與鮮味覺受器擁有各自不同的鎖——直到對的鑰匙（化學化合物）現身才會解鎖。

鹹與酸味覺受器則是利用離子通道偵測味道。鹹與酸味道分子溶解時，會分離成正離子與負離子（各位還記得高中化學嗎？離子就是當原子或分子得到或失去電子而形成，因此離子的淨電荷會是正或負）。帶電離子可以透過離子通道自由進出細胞，離子通道也對電荷的變化很敏感。例如，能偵測鹹味的離子通道對於正離子的濃度敏感；當濃度低時解讀成「好吃」，而濃度高則是「難吃」。目前，科學家正在理解偵測酸味的機制——但這也是一種可以分為好吃與難吃的味道，所以科學家也傾向兩者運作機制類似。[3]

親愛的大腦：
您有一則來自味覺系統的訊息

正如我們剛剛提到的，味覺系統是透過口中味覺細胞偵測資訊，接著將資訊透過神經網路傳遞至大腦。第一部分的資訊為味覺**性質**——我們嘗到的是甜、鹹、酸、苦與／或鮮味嗎？不過，大腦的關注則是放在另外兩種資訊：味覺性質的強度與享受價值。**強度**是味覺感受的強度——也就是多甜、多鹹、多酸、多苦或多鮮？**享受價值**則是味覺感受的愉快或不愉快的程度。

如同我們所有感官，味覺系統也是以保持生存為目標而設計。我們的大腦會綜合性質、強度與享受價值等資訊，接著判斷正在吃或喝的東西是否具有營養價值或有毒。根據大腦做出的味覺評估，我們會決定繼續吃或停下來。如果大腦的判斷是這東西很毒，我們可能會不由自主地拒絕繼續吃，或是啟動其他保護反應。一切都發生在一瞬間，而且我們往往毫無意識。不過，本書

討論的是有意識地品飲,所以讓我們解讀一下在味覺系統飄來散去的資訊,並學習如何有意識地攔截與觀察。

首先,如果各位專心注意正在吃或喝的東西,就能分辨這三種資訊的類型(第29頁為鍛鍊習題)。記住,這三種資訊都並非獨自存在。例如,食物中的刺激物質含量會改變味覺性質,而一種味道也會影響我們對於另一種味道的反應。

再者,一般來說,人類(如同許多雜食動物)傾向偏好帶有甜味與鮮味的食物,並討厭苦味。鹹與酸則可以產生喜歡或討厭兩種反應,取決於強度。科學家普遍認為這些反應與「演化壓力」有關。[4] 換句話說,帶有甜味與鮮味的食物通常含有生存所需的養分,帶苦味的東西則通常有毒。嘗來舒服的鹹味與酸味往往代表食物帶有養分,但過鹹或過酸通常就是食物變質或具毒。基本味道的資訊也能觸發一些自動行為,例如作嘔或舔舐,這類行為似乎是焊接在大腦「古老原始」的區塊——這是味覺扮演我們物種生存關鍵角色的古老證據。[5]

總而言之,我們有多喜歡某一種味道,往往取決於這個味道的性質與強度。這也是我們會覺得一杯咖啡「好喝」而另一杯「難喝」的核心原因。例如,一杯萃取不足的咖啡,通常會含有過多產生酸味反應的分子,因此咖啡變得帶有令人不適的酸味;另一方面,過度萃取的咖啡則含有過多產生苦味反應的分子,使得咖啡過苦。一杯萃取良好的咖啡,則擁有怡人的平衡酸味與苦味。

最後,也是最重要的一點,我們的味覺感知會受到基因與生活經驗影響。追根究底,這代表味覺並不客觀。在生理層面上,我們的生理味覺感知(進一

步是味覺體驗）可能會與身旁的朋友不同。我們對於五種基本味道的感知與敏感度，其實可以有很大的差異。同時，我們也會因為生活經驗（通常源於環境影響），以及有意識地觀察積極，形塑我們的味覺系統（所以，沒錯，這也代表上一段描述關於萃取不足與過度萃取咖啡的感受，是一種來自西方的觀點，尤其是美國）。我們的確有機會變成更厲害的品飲者！而我們對於愉悅或不愉悅的感知將隨著時間自然轉變——或純粹以意志力改變。

有趣小知識

舌頭的味覺分布區塊是迷思！不少人應該都曾在學校課本裡見過舌頭味覺分布圖，上面畫著舌頭感知不同味覺的區塊分布——例如，舌尖感知甜味。然而，這張分布圖其實源於一些解讀錯誤的數據。事實上，我們舌頭的所有區塊都能偵測五種基本味道。

咖啡裡的基本味道

苦味與酸味是能在咖啡嘗到的主要基本味道，但讓我們仔細看看所有基本味道背後的生物學與化學，以及這些味道會在咖啡中有何表現。每一種味道我都會列舉一個常見的參考物——也就是能代表該味道屬性的物質。各位將利用這些參考物進行此章節的基本味道鍛鍊。建議各位，可以事先準備好這五種基本味道的參考物，接著進行盲品（請見第 142 頁），直到能輕鬆分辨每一種味道。咖啡專業人士的基礎感官課程練習與此相同。

苦味

常見苦味參考物：咖啡因、瀉鹽（硫酸鎂）、Goody 品牌超強效止痛粉

咖啡主要苦味化合物：綠原酸內酯（chlorogenic acid lactones）、苯基茚滿（phenylindanes）、咖啡因、未知化合物

五種基本味道中，最為複雜的一種也許可以說是苦味，[6] 科學界對其知之甚淺。苦味分子的化學結構差異很廣，而科學家目前已在人體辨識出大約二十五種苦味受器。[7] 這些受器可以偵測出數百種結構相異的苦味分子，從微小的離子到較重的肽（peptides）皆有。[8]

各位可以將苦味視為甜味的相反。甜味的本質就是令人愉快，而苦味的本質令人不快，即使是嬰兒與其他動物都有此感。我們的大腦會將其解讀為「毒藥」、「有毒」或「危險」。因此，許多最純的苦味參考物並不容易取得，例如奎寧，因為其的確在高於某種劑量之後具有毒性，所以若是本書推薦將奎寧當作參考物也十分危險。精品咖啡協會推薦的苦味參考物為純咖啡因粉。純咖啡因粉很難取得，除非各位是企業或機構，因為食入大量純咖啡因粉也有危險性。咖啡因藥片則十分普遍，但大多都會添加其他能降低苦味的物質。各位也可以使用硫酸鎂（瀉鹽），這是一種帶有苦味的鹽，科學家在 2019 年發現瀉鹽能被 TAS2R7 苦味受器偵測。[9] 還有一種參考物是 Goody 品牌的止痛粉，這是無需處方籤的藥物，其中含有止痛成分與咖啡因。瀉鹽與 Goody 品牌的止痛粉都普遍容易取得，而且除了當作味覺練習之外，家庭用途也十

分廣泛，不過這兩者的苦味都不像純咖啡因那麼「純」。目前還真的找不到完美的苦味參考物。*

咖啡最常見的基本味道就是苦味，我想各位應該並不意外：咖啡含有七十至兩百種苦味分子。[10] 咖啡因就是其中之一，但相較於咖啡的其他苦味分子，咖啡因的苦味貢獻並不高（僅占 10～20%）。近期研究顯示，咖啡的苦味約有 50～70%源自綠原酸內酯，另外 30%則來自苯基茚滿，兩者都是在烘焙過程產生。科學家認為咖啡還有至少 20%的苦味源自未知物質。[11]

奇怪的是，咖啡專業品飲表找不到苦味欄位，而在我的經驗中，咖啡專業人士通常會避免討論咖啡的「苦味」。有時，苦味甚至似乎被視為負面屬性，即使苦味從未在咖啡中缺席──多或少而已。沒有任何一杯咖啡不帶苦味，而了解自己的苦味承受門檻十分重要，有助於找出自己偏愛哪種咖啡。

根據精品咖啡協會，咖啡的苦味表現具有細微差異。咖啡因的苦味為「乾淨」或「單一」；綠原酸內酯是「圓潤」、「柔滑」或「順滑」；苯基茚滿則是「艱澀刺激」（harsh）[12]，且似乎帶點澀感（另一種與苦味相關，但完全不同的感覺，請見第 65 頁）。

---

* 各位可以選擇粉末膠囊裝的咖啡因，而非壓製藥片。我發現壓製藥片往往會添加一些調味劑，進而影響練習。膠囊裝則是會添加一些填充劑，通常是可以降低苦味的米粉，所以練習的使用量可能要增加；咖啡因藥片或膠囊都難溶於水，可能是因為填充劑。相較之下，Goody 品牌止痛粉則能輕鬆溶於水，而且其中含有三種苦味化合物：咖啡因、乙醯胺酚（acetaminophen）與阿斯匹林（aspirin）。當溶於水中的濃度較高時，可能會有奇怪的酸味。

味 蕾 鍛 鍊

基本味道：苦味

透過此練習，鍛鍊識別單獨苦味的能力。一旦味道進入記憶庫，從咖啡與其他食物與飲品中辨識苦味性質就會變得容易許多。

需要準備

- 電子秤（精度0.1公克）
- Goody品牌超強效止痛粉、咖啡因粉或瀉鹽
- 1公升熱的過濾水或泉水（無添加物），以及常溫水（當作無味標準）
- 2個尺寸相同（4～8盎司）的帶蓋杯子（也可以用杯墊）

製作濃度為0.05%的咖啡因溶液：在1公升的熱水中，溶解0.5公克咖啡因／1.5公克Goody品牌止痛粉／5公克瀉鹽，攪拌和搖晃至完全溶解（這些參考物都不容易溶解，除非使用熱水）。蓋上瓶蓋，靜置溶液至冷卻到室溫。

將苦味溶液倒入一個杯子，並蓋上以保持香氣。將室溫水倒入另一個杯子。分別品飲並比較。味道如何？味道有讓你想到什麼嗎？盡可能詳細描述味道，並／或把這味道與某個記憶連結。

訣竅

- 各位可以將所有基本味道鍛鍊的參考溶液都用1公升的塑膠或玻璃瓶承裝。如此一來，就能輕鬆保存樣本，以利用比較與盲品測試自己的辨識能力。一旦參考溶液製作完成，將其保存於冰箱，並在數日之內使用完畢。品飲之前，請取出靜置至室溫。

- 我在進行此練習時，使用的是咖啡因膠囊與Goody品牌超強效止痛粉。雖然兩者都含有添加劑，但我覺得Goody品牌超強效止痛粉的參考效果更好。請注意，瀉鹽的比例是我自己設定的，我也無法以科學角度確定此比例的苦味強度是否等同於其他兩者。瀉鹽的基本味道性質也是複雜的，所以它並非最純的參考物（但總比沒有好）。

苦味分子是否還額外多了獨特的感官性質或次感官性質（例如酸味與甜味分子就是如此），以科學視角而言，目前還沒有充分證實與解釋。2019年的一篇研究發現，部分苦味分子明顯影響了品飲者對於咖啡香氣的鼻後嗅覺，這也代表特定苦味分子的確具有獨特的感官性質。不過，這應該不是來自苦味本身的特質，而是苦味分子的次感官性質（例如鹹味、澀味與金屬味）的綜合影響。[13]

身為咖啡愛好者，各位應該很清楚，我們天生對於苦味的厭惡會隨著時間變成喜愛。咖啡是典型例子之一，啤酒與深巧克力也是。科學家認為，這種轉變的發生很有可能是來自苦味與其他美味或令人愉快的東西一起出現。也請記得，人類對於苦味的敏感程度差異很大，我們接下來會討論到，其間的差異部分源於基因。文化也是影響因素之一，證據就在世界各地不同的咖啡文化。有些地區的文化偏好苦味強烈的咖啡，有些則否。[14]

苦味的性質與強度，取決於咖啡生豆含有的苦味物質濃度及烘焙程度。某些類型的咖啡豆，例如**羅布斯塔**（C. canephora）天生就含有較多苦味化合物，而**阿拉比卡**（C. arabica）等其他類型咖啡豆則較少。但是，即使是阿拉比卡咖啡豆，深焙咖啡豆也會比淺焙更苦，這是因為苯基茚滿的濃度。近期的研究也發現，咖啡的苦味感知也與咖啡強度衡量標準之一的總溶解固體（total dissolved solids，TDS）相關。總溶解固體高的咖啡被認為苦味更強烈。[15]

酸味

常見酸味參考物：檸檬酸（citric acid）
咖啡主要酸味化合物：綠原酸、羧酸（carboxylic acids）、磷酸

酸味有些古怪，因為我們人類不是覺得酸味十分誘人，就是十分惹人厭──它能為食物或飲品添加另一個帶刺激性的愉快美味，同時也可能令人反感，尤其是含量較高時。我們對於酸味的喜好或厭惡會在一生中隨著時間改變：嬰兒通常會拒絕任何酸味，兒童則往往很喜歡酸味（和我同是千禧時代的朋友們，是否也在小學某段時期超愛超酸的 Warheads 品牌糖果？）雖然酸味的感受運作機制仍在研究中，但科學家很早便已經知道酸性物質與酸味有關。他們認為酸味有助於我們偵測出酸性物質，以避免過量攝取而有破壞體內酸鹼平衡的風險。酸味也與電解質有關（此為關鍵營養物質之一的礦物質）。[16]

如同苦味，酸味也是咖啡的重要基本味道之一。咖啡品飲者會使用「酸質」（acidity）一詞描述酸味，而這是咖啡十分珍貴的特色（尤其是淺焙與中焙咖啡），因此酸味在咖啡專業品飲表獨有一欄。

酸味分子一定是酸性物質，咖啡則包含了三種主要酸味類型：綠原酸、羧酸與磷酸。酸性物質出現在咖啡豆裡的方式多元，包括咖啡樹生長過程（從土壤吸收，並於光合作用產生）、後製處理（發酵過程形成）、烘焙與沖煮。[17]

酸味分子往往擁有獨特的感官屬性，因此不論是性質或強度方面，酸味在咖啡的表現都十分多元。《咖啡感官辭典》的羧酸參考物為檸檬酸（citric acid，與檸檬有關）、醋酸（acetic acid，與醋及發酵有關）、丁酸（butyric acid，與帕瑪森起司等陳年起司有關）、蘋果酸（malic acid，與蘋果有關），以及異戊酸（isovaleric acid，與腳臭及羅馬諾羊起司等起司有關）。

部分酸味物質還有額外的感官屬性，也就是因為具揮發性而牽涉到鼻後嗅覺。例如，咖啡的「酒香」便被認為與醋酸及甲酸（formic acids）有關。[18] 相反地，研究發現在一般情況之下，「爆發酸」通常源自檸檬酸，而「柔和酸」則來自蘋果酸，這兩者都與醋酸的「酸且發酸」不同。[19] 此外，剛剛在討論苦味時，我們已經知道綠原酸形成的化合物帶有苦味。同樣由綠原酸組成的咖啡因與奎寧酸，同樣擁有類似的苦味與乾澀特性。

「發酸」VS.「酸質」

經科學定義的專有名詞通常與我們日常口語用字相當不同，因為日常生活往往無須如此精確。以化學層面而言（並且用最簡單的說法），酸性物質就是一種向溶液樂捐質子（通常是帶正電的氫離子）的分子。強酸（酸鹼值低）樂捐大量質子，弱酸（酸鹼值高）則捐出較少。許多酸性物質都是酸味分子，但並非所有。

在咖啡界中，這些專有名詞的用途就是描述性質。**酸質**（acidity）用來形容咖啡中令人愉悅且廣受喜愛的特質（「辛烈」、「明亮」等婉轉字詞常用來形容酸味特質），另一方面，**發酸**（sourness）則用來描述不愉快的感官體驗。「酸質」與「發酸」都是基本味道酸味的參考物。「酸質」的酸味與整杯咖啡的其他部分平衡；「發酸」則代表對品飲者而言過於強烈的酸味。

味蕾鍛鍊

基本味道:酸味

透過此練習,鍛鍊識別單獨酸味的能力。一旦味道進入記憶庫,從咖啡與其他食物與飲品中辨識酸味性質就會變得容易許多。

需要準備

- 電子秤(精度0.1公克)
- 檸檬酸(食品等級)
- 1公升熱的過濾水或泉水(無添加物),以及常溫水(當作無味標準)
- 2個尺寸相同(4〜8盎司)的帶蓋杯子(也可以用杯墊)

製作濃度為0.05%的檸檬酸溶液:在1公升的熱水溶解0.5公克檸檬酸,攪拌和搖晃至完全溶解。

將酸味溶液倒入一個杯子,並蓋上以保持香氣。將室溫水倒入另一個杯子。分別品飲並比較。味道如何?味道有讓你想到什麼嗎?盡可能詳細描述味道,並/或把這個味道與某個記憶連結。

訣竅

- 部分超市與網路上皆有販售檸檬酸。
- 適當保存酸味參考溶液,其他風味屬性也用得上(請見第114頁)。將其保存於冰箱,並在數日之內使用完畢。品飲之前,請取出靜置至室溫。

各位也許會想，酸味的強度應該與咖啡的酸鹼值高低有關。畢竟，咖啡生豆質量的 10% 都是酸性物質，包括檸檬酸、蘋果酸與醋酸。[20] 不過，近期一篇研究發現事實並非如此。各位還記得，並非所有酸性物質都會產生酸味：例如，咖啡中的綠原酸通常是產生苦味。同樣地，並非所有強酸物質（低酸鹼值）都擁有強度很高的酸味。有時，弱酸（高酸鹼值）的酸味強度反而更高。研究者也因此認為酸味運作應該包含了其他因素。[21]

研究結果發現，我們感知到的酸味與可滴定酸度相關；可滴定酸度就是食物的酸濃度測量值（另一方面，酸鹼值僅僅是解離酸〔釋放氫離子的酸性物質〕濃度的測量值）。[22] 不過，酸味的感知變化主要取決於咖啡沖煮方式——而不是烘焙程度等其他因素。感知到酸味強度最高的咖啡，就是高總溶解固體（TDS）與低萃取率（percent extraction，PE）——這類咖啡的酸鹼值最低——而酸味感知較低的咖啡則是低總溶解固體（TDS）與高萃取率（PE）。[23]

總溶解固體與萃取率

總溶解固體（TDS）是咖啡強度的測量值。**強度**較高的濃咖啡溶解了較多咖啡化合物。萃取率（PE，也稱為萃取量或萃取）則是咖啡注粉量（也就是使用的咖啡粉量），有多少比例的物質最後進入沖煮完成的咖啡。萃取率主要與咖啡粉及水的接觸時間長短有關，因為水是萃取出咖啡粉內物質的媒介。當時間過短，就會沖煮出一杯**萃取不足**的咖啡；時間過長，則是得到一杯**萃取過度**的咖啡。關於咖啡沖煮過程如何影響風味，請見第86頁。

話雖如此，但在烘焙過程中，某些酸性物質會分解成其他酸性物質與碳水化合物；一般而言，烘焙程度愈高，咖啡的酸性物質含量愈低，但依然存在。[24] 因此，烘焙過程仍舊會影響咖啡的酸度感受。深焙咖啡豆的酸味分子很容易被苦味分子掩蓋（烘焙程度愈高，苦味分子愈多）。[25] 這就是為何淺焙咖啡的酸質能如此亮眼，而深焙咖啡的酸味則完全不見。

甜味

常見甜味參考物：蔗糖（table sugar／sucrose）
咖啡主要甜味化合物：幾乎沒有，因為咖啡的甜味是一種感覺

幾乎所有人類（甚至是嬰兒），以及多數哺乳動物都十分喜愛甜味，因為甜味與碳水化合物相關，而碳水化合物是我們關鍵養分之一。即使濃度很低，甜味也十分怡人（不過當濃度過高，可能使人反感）。[26] 有趣的是，研究表示不需要碳水化合物而以肉類維生的動物，例如大型貓科動物與家貓，則對甜味完全無感。[27] 這是巧合嗎？科學界可不這麼認為。

我們感知甜味分子需要兩種受器（順帶一提，貓的基因少了其中一種受器）。愈來愈多證據顯示，我們體內四處都有甜味受器，包括腸胃道、鼻子與呼吸系統。[28]

不像部分基本味道，許多類型的甜味分子都能啟動甜味受器。[29] 這些甜味分子當然包括糖類（蔗糖、葡萄糖、果糖與麥芽糖），但也還有甜味氨基酸與甜味蛋白質。科學家也已經設計出能夠啟動甜味受器的特定分子結構——也就是合成甜味劑的誕生，例如糖精（saccharin）與阿斯巴甜（aspartame）。

甜味可以降低我們對於某些苦味分子的感知,[30] 或許也是因為如此,我們常在咖啡裡加糖。

不過,在精品咖啡領域,自然的甜味是相當珍貴的特質之一(而非添加的甜味),也是形成一杯平衡良好咖啡的重要關鍵之一。專業咖啡品飲者常常試著在咖啡裡尋找甜味,甜味在咖啡專業品飲表也擁有專屬的欄位。但是,指的主要是甜味的**感覺**。換句話說,咖啡的甜味感覺與已知的甜味分子(例如糖),並沒有強烈相關。

依目前所知,當我們啜飲一杯咖啡時,其中包含的天然甜味分子已經極少。咖啡生豆的確含有糖分(根據精品咖啡協會,蔗糖可達 10%),但在烘焙過程將幾乎盡數分解。美國加州大學戴維斯分校咖啡研究中心的最新研究發現,咖啡中的甜味分子(例如蔗糖,以及烘焙過程因複雜碳水化合物分解產生的單糖)遠低於人類感知門檻,也證實了天然糖分與咖啡的甜味幾乎無關。[31]

所以,我們嘗到的到底是什麼?一部分可能與某些化合物有關,這些化合物能提供香氣與/或其他會「欺騙」我們大腦的風味特質,讓我們產生嘗到甜味的**感覺**。[32] 這些化合物包括能讓我們聯想到焦糖、堅果、巧克力與水果的感官性質,這些正好也是咖啡常見的風味。[33] 而且,它們其實都是透過鼻後嗅覺感知的香氣。真正的甜味必須透過舌頭上的味覺受器感知。

另一個理論則是認為,咖啡裡某些化合物擁有增強甜味的效果,就算是真正的甜味分子濃度極低。這類強化化合物或許在味蕾偵測甜味方面提供了某些幫助。[34] 在撰寫本書之際,精品咖啡協會宣布,其咖啡科學基金會(Coffee Science Foundation,CSF)已與美國俄亥俄州立大學(Ohio State

味 蕾 鍛 鍊

基本味道：甜味

透過此練習，鍛鍊識別單獨甜味的能力。一旦味道進入記憶庫，從咖啡與其他食物與飲品中辨識甜味性質就會變得容易許多。

需要準備

- 電子秤
- 細白砂糖
- 1公升熱的過濾水或泉水（無添加物），以及常溫水（當作無味標準）
- 2個尺寸相同（4～8盎司）的帶蓋杯子（也可以用杯墊）

製作濃度為1.0%的蔗糖溶液：在1公升的熱水溶解10公克糖，攪拌和搖晃至完全溶解。

將蔗糖溶液倒入一個杯子，並蓋上以保持香氣。將室溫水倒入另一個杯子。分別品飲並比較。味道如何？味道有讓你想到什麼嗎？盡可能詳細描述味道，並／或把這個味道與某個記憶連結。

訣竅

- 將其保存於冰箱，並在數日之內使用完畢。品飲之前，請取出靜置至室溫。

University）合作，進行全新「咖啡的甜味」相關研究，研究成果在出版時尚未公布。[35]

鹹味

常見鹹味參考物：食鹽（氯化鈉）
咖啡主要鹹味化合物：鉀、鈉

鹽（氯化鈉）也是我們的關鍵養分之一。鈉能幫助我們身體重要功能的進行，例如神經脈衝傳導，以及維持水分與礦物質之間的平衡。如同甜味，鹹味也令人喜愛，即使濃度相當低。[36] 人類與其他哺乳動物都偏愛鹹味食物，即使飲食攝取的鈉含量已經足夠（跟高血壓說聲好），科學家也因此認為鹹味是我們味覺系統的天生本能，並非源自後天學習（不過，高濃度的鹽通常令人反感）。

比起甜味，嬰兒對於鹽味的偏好不是那麼立即，不過，研究發現人類對於鹽味的偏好會在四至六個月時開始發展。我們可以透過減少鹽分攝取，調整對於鈉的偏好，但由於鹽的天生吸引力過於強烈，所以對於許多人而言這種做法十分困難。鹽的吸引力不僅僅是鹹味，[37] 還能影響質地，例如增加湯的稠度。鹽也可以提升甜味、酸味與鮮味；中和某些苦味分子；減少異味；改善味道平衡；以及增強風味強度。難怪我們如此喜愛它！

鹹味由一種簡單味道分子產生：離子，尤其是鈉離子（鉀鹽與鎂鹽也可能產生鹹味）。[38] 科學家也希望如甜味一般，實驗製作出合成鹹味──其中商機

基本味道：鹹味

透過此練習，鍛鍊識別單獨鹹味的能力。一旦味道進入記憶庫，從咖啡（也必須運氣夠不好）與其他食物與飲品中辨識鹹味性質就會變得容易許多。

需要準備

- 電子秤（精度0.1公克）
- 無碘鹽
- 1公升熱的過濾水或泉水（無添加物），以及常溫水（當作無味標準）
- 2個尺寸相同（4～8盎司）的帶蓋杯子（也可以用杯墊）

製作濃度為0.15%的鹽溶液：在1公升的熱水溶解1.5公克鹽，攪拌和搖晃至完全溶解。

將鹽溶液倒入一個杯子，並蓋上以保持香氣。將室溫水倒入另一個杯子。分別品飲並比較。味道如何？味道有讓你想到什麼嗎？盡可能詳細描述味道，並／或把這個味道與某個記憶連結。

訣竅

- 將其保存於冰箱，並在數日之內使用完畢。品飲之前，請取出靜置至室溫。

可期,因為降低食鹽攝取量,便能減少高鹽飲食相關的健康問題。不過,目前尚未找到成功可行的方法。

有些人還建議可以在咖啡添加鹽,因為能中和某些苦味化合物的效果。然而,整體而言,出現在咖啡的鹹味會被視為異味。咖啡的確含有一些鈉(一種常見的鹹味分子),每 237 公克的咖啡約含有 5 毫克的鈉,但此含量通常低於我們的感知門檻。想要從咖啡嘗到鹹味,所有條件都必須彼此「完美配合」(或者,也可以說是「完美出錯」,取決於各自主觀):鹹味分子必須足夠且其他味道分子不會掩蓋。

然而,如果沖煮咖啡的水含有高濃度的鈉或鉀,可能導致咖啡帶有鹹味。部分觀點認為鹹味可能來自過度萃取。[39]

鮮味

常見鮮味參考物:味精(monosodium glutamate,MSG)
咖啡主要鮮味化合物:未知,但可能是 L—麩醯胺酸(L-glutamate)氨基酸

鮮味通常會被描述為「濃郁」、「鹹鮮」與「充滿口腔」——這類感覺常與肉類、海鮮、海藻、蘑菇和番茄等食物相關。如同甜味與鹹味,人類也偏好鮮味,即使低濃度也感受得到,因為鮮味與我們生存關鍵養分之一的蛋白質有關。[40] 蛋白質含有氨基酸,部分氨基酸就是鮮味分子,另外還有一些短肽與有機酸。[41] 其中能使鮮味受器劇烈反應的氨基酸之一就是 L–麩醯胺酸,

味 蕾 鍛 鍊

基本味道：鮮味

透過此練習，鍛鍊識別單獨鮮味的能力。一旦味道進入記憶庫，從咖啡與其他食物與飲品中辨識鮮味性質就會變得容易許多。

需要準備

- 電子秤（精度0.1公克）
- 味精
- 1公升熱的過濾水或泉水（無添加物），以及常溫水（當作無味標準）
- 2個尺寸相同（4～8盎司）的帶蓋杯子（也可用杯墊）

製作濃度為0.06%的味精溶液：在1公升的熱水溶解0.6公克味精，攪拌和搖晃至完全溶解。

將味精溶液倒入一個杯子，並蓋上以保持香氣。將室溫水倒入另一個杯子。分別品飲並比較。味道如何？味道有讓你想到什麼嗎？盡可能詳細描述味道，並／或把這個味道與某個記憶連結。

訣竅

- 幾乎所有超市都有販售味精，通常會出現在辛香調味料區的「增味劑」或「調味鹽」，只需檢查成分是純味精。
- 將其保存於冰箱，並在數日之內使用完畢。品飲之前，請取出靜置至室溫。

而純 L—麩醯胺酸型態便接近味精（麩胺酸鈉）的成分；另一種氨基酸則是天冬氨酸（aspartic acid）。

咖啡也含有 L—麩醯胺酸——咖啡感官辭典也有收錄「肉味／肉湯」一詞——但目前咖啡與鮮味的相關研究並不多。這點並不令人意外，畢竟西方科學界始終否定鮮味屬於基本味道之一，近幾年才開始迎頭趕上相關研究。目前，研究單位已經辨識出兩種鮮味受器，但尚未發現的受器可能更多。鮮味受器有趣的特色之一，就是我們似乎能分辨出鮮味之間的細微差異，也代表鮮味的類型也許不少。另外，鮮味還有一項著名的特色——讓食物的美味大大提升。[42]

直到撰寫本書之際，咖啡裡的鮮味特質相對稀少，但並非完全不存在。2013 年，世界咖啡冠軍井崎英典（Hidenori Izaki）就曾以一款強調鮮味特質的咖啡奪冠。他相當仔細地為評審介紹此概念，並不假設評審都已熟悉此咖啡風味。[43] 儘管如此，相較於甜味、苦味與酸味，精品咖啡界關於鮮味的研究仍十分有限。有趣的是，我喝過最棒的咖啡之一是一杯冷泡肯亞咖啡，帶有明顯的甜味與番茄的鹹鮮特色，聽起來似乎有點古怪，不過十分美味——我再也沒有嘗過類似的咖啡風味。

影響味覺感知的因素

先前提到，每個人的味覺感知有根本的差異。例如，當兩個人喝同一杯咖啡時，一人可能會覺得苦味怡人，另一人卻可能覺得苦味過於強烈而皺眉。為什麼會有這種不同？嗯，因為基因與文化背景兩方的影響。對於探索精品咖啡世界、發拓自己的味蕾敏感度，以及認識自己的喜好等方面，了解這些差

異都將十分有益。有時，會出現一波波集體迷思，例如某些特定風味會被貼上客觀「不好的」標籤，某些則是客觀「好的」。然而，大多狀況都並非事實。認識基因與文化如何影響味覺及偏好，能讓我們在有機會探索各個咖啡文化時，發揮更多欣賞與理解。

基因

基因能影響我們對於五種基本味道的感知與敏感度。各位還記得先前提到，科學家認為特定味覺受器能偵測到相應的特定味道嗎？其實，這些味覺受器就是受到基因影響。如同眼睛顏色、髮色、身高，以及所有遺傳自祖先的身體特徵，味覺受器也是由我們的基因控制——而且基因的自然變異也相當普遍。就像是手足之間髮色的棕色色調可能不同，味覺受器也可能由於基因而有不同的表現。例如，你的味蕾數量可能比其他人多，那麼對於甜味可能就會更加敏感（研究顯示，基因對於甜味感知差異程度的影響可達三分之一）。[44] 換句話說，我們偵測味覺的方式（生理味覺）源自遺傳，而研究者普遍認為，味覺生理會影響我們的個人味覺偏好與行為。

讓我們也花點時間聊聊苦味，因為人類對於苦味感知也有相當大的差異。目前已知的苦味受器為二十五種，但並非所有人都能偵測到目前已知的所有苦味分子。[45] 其中兩種苦味分子通常會當作「超級味覺者」（supertasters，對基本味覺感知強度比一般大眾高）的測量標準。這兩種苦味分子為苯硫脲（phenylthiocarbamide，PTC）與丙硫氧嘧啶（6-n-propylthiouracil，PROP）。

味蕾鍛鍊

你是超級味覺者嗎?

透過此練習,用味蕾數量看看自己是否是超級味覺者。

需要準備

- 食用色素
- 棉花棒
- 標準打洞後的1張紙條
- 相機(手機的相機也可以)

如果各位難以取得苯硫脲或丙硫氧嘧啶,也可以利用計算味蕾數量判斷自己是否是超級味覺者。在棉花棒滴上一到兩滴食用色素,並為舌頭的一部分染色。把打了孔的紙條放在舌頭染色部分。拍一張照片,放大並計算孔中舌頭上的乳突數量。如果超過35個,你就是超級味覺者!如果大約35個,你就是普通味覺者。[48]

> **咖啡太苦嗎？也許是基因的問題**
>
> 研究者曾調查了基因對於咖啡飲品加糖與否的偏好相關性。2022年，一篇針對義大利咖啡飲者的研究中，研究者發現，擁有對於咖啡因苦味較敏感的基因的參與者，往往偏好加了糖的咖啡飲品；擁有對於甜味較敏感的基因的參與者，則更傾向選擇不加糖的咖啡飲品。[49]

約有 25%的人對於丙硫氧嘧啶極為敏感，另有 45～50%的人能適度品嘗丙硫氧嘧啶，而約有 70%的人能夠品嘗苯硫脲。不過，不同族群的比例會有所不同。例如，一項研究發現，能夠品嘗丙硫氧嘧啶與苯硫脲的人數比例最低的是新幾內亞與澳洲原住民，比例最高為美洲原住民。但每個族群都有超級味覺者與普通味覺者。[50]

各位也可以在網路購買簡易測試套組，檢測自己是否為超級味覺者，以及是哪種類型的超級味覺者。套組包含了苯硫脲、苯甲酸鈉（sodium benzoate）與硫脲（thiourea）試紙，以及對照組試紙。各位也許能嘗出其中一種、三種或全部嘗不出來。另外，網路上也有販售丙硫氧嘧啶檢測套組，科學家通常就是用此辨認超級味覺者，以及劃分味覺敏感度。我個人能嘗出硫脲、丙硫氧嘧啶與苯甲酸鈉（雖然反應都不太強烈），但嘗不到苯硫脲。請在當地尋找可靠的檢測套組製造商，在家試試看，然後為自己的味覺偏好分析出結論。這比較像是可以跟朋友一起玩的有趣活動，而不是很有實用價值的測試。不過，如果各位不太喜歡帶有苦味的食物與飲品，也許這樣的檢測能讓你找到更多原因。

文化

雖然剛剛提到的味覺研究,主要聚焦於基因如何影響不同族群的味覺,但也有證據顯示,我們生活於其中的文化也會影響味覺的感知與敏感度,而與基因無關。不過,文化與味覺的相關研究仍在相對初期階段——兩者的連結似乎顯而易見,但其間的運作方式與原因尚不明朗。在為本書進行研究時,我發現了一些有趣的研究,也與各位分享。

我們的文化與社會、地理、經濟、環境及各種因素彼此交織,這些因素共同影響了:(1)我們身邊有什麼類型的食物,以及(2)照顧者與社交成員會鼓勵我們吃什麼。沒錯,某些味道(例如甜味與鹹味)是我們原始大腦天生偏好,但生物心理學家茱莉・孟妮拉(Julie Mennella)表示,「我們愛吃的東西,是學來的」。[51] 孟妮拉認為,這種影響往往在我們尚未出生之前已經出現。她的研究顯示,我們第一次與味道分子接觸的地點就是在子宮,接著透過母乳傳遞。母親吃的食物(大多與當地容易取得及媽媽自身偏好相關)會在我們的身上留下印記。當我們來到世上並漸漸成長,我們持續累積的味覺經驗也是受到周遭的人與食物之影響,並進一步形成我們對於食物與飲品的審美判斷。換句話說,如果鳳梨四處可見,周遭人人常吃又愛吃鳳梨,我們很有可能也會喜歡鳳梨。

不同文化對於食物也會有不同的重視層面,這類價值觀也很有可能透過各種飲食傳統(有意或無意地)教導下一代。回想一下,幾乎每個文化都有一種美食會被其他文化討厭或甚至視為禁忌。我住在美國,這裡很多人都有吃花生果醬三明治(PB&J)長大的記憶。住在其他地方的人可能完全無法理解花生果醬三明治,或覺得聽起來就不太可口,這通常是因為當地沒有常吃花生醬的飲食傳統,或是沒有甜鹹結合的飲食習慣。

2018 年一篇刊登於《化學感官》（Chemical Senses）的文章比較了兩種截然不同的飲食文化：泰式與日式。[52] 泰式料理以辣味，以及一道菜能融合三種或甚至五種基本味道而著名。相較之下，日式料理則鮮少使用辣椒，也很少會將不同味道的菜餚放在同一個盤子裡，並且經常使用天生帶有鮮味的食材，例如昆布。

研究結果顯示，相較於日本參與者，泰國參與者對辛辣感有更強烈的偏好，而且泰國參與者的味覺感知門檻比日本參與者高，代表日本參與者能在濃度更低的狀態，辨識出五種基本味道。有趣的是，20%的泰國參與者完全無法辨識鮮味（即使是高濃度鮮味），而所有日本參與者在整個研究中能辨識出所有味道。

在研究控制了其他因素之下，研究者放心地表示這些差異源於文化或種族因素，但該研究並未對此關係的原因與運作方式做出明確結論。也許，結論可以是價值觀的差異、食物準備與呈現方式的不同，或甚至是辛辣感的偏好（辛辣味偏好本身究竟從何而來又是另一個問題了）——不過，重點是兩組參與者在偏好與敏感度方面，確實存有可量測的差異。

咖啡文化在世界各地的變化範圍巨大，即使是在同一個國家，也能有顯著差異。例如，美國工藝咖啡產業普遍珍視複雜風味（也就是能一次嘗到多種風味），以及明顯且能與其他味道相互平衡的酸質。為了達到這樣的表現，大多會使用淺焙咖啡豆，同時尤其重視研磨粒徑、沖煮水溫、水粉比例，以及咖啡粉與水的接觸時間，試著以能凸顯風味平衡的方式萃取。然而，在咖啡現身的酸味往往會使主要接觸美國主流咖啡文化的人卻步，因為主流文化通常偏好深焙咖啡、酸度極低，同時帶有明顯烘焙特質（例如苦味），另外，我也會認為

在專業咖啡圈中，濾沖的方式（除去細小沉澱物與油脂的所謂輕醇厚度咖啡）通常會比保留這些成分的沖煮方式更受喜愛。

世界其他地區的人們，都以其他相當不同的方式製作咖啡。各式各樣更受偏好的不同烘焙曲線與沖煮方式，在在都會讓這些咖啡擁有與我熟悉的咖啡文化完全不一樣的特色。例如，傳統土耳其咖啡使用極細咖啡粉，並以專門設計的銅壺（通常是銅製）沖煮。這種沖煮方式能做出濃烈且口感醇厚的咖啡，並帶有獨特的泡沫。其他咖啡文化還有主要以牛奶與其他添加物搭配的咖啡飲品。更多不同的咖啡類型幾乎數之不盡。

為何要（以及應該）鍛鍊味覺感知？

部分研究顯示，味覺偏好是透過學習社會行為而來，以此產生的判斷與行為將逐漸變成習慣，再慢慢成為多數人幾乎無意識的行為。[53] 撰寫本書時，這個想法一直在我腦中揮之不去，也許是因為其驗證了我的親身經歷。

我們多數人都鮮少認真思考自己的味覺，往往是直接關注當下的味覺偏好與判斷（例如「這個好好吃」或「這個真的很難喝」），我們也通常沒有理由回過頭想想自己味覺是如何隨著一年年過去而改變，或者一開始是如何養成。除了偶爾因為感冒或流感而鼻塞，導致味覺能力暫時下降之外，我們的味覺系統幾乎總是穩定運作。直到新冠疫情爆發之前，除了隨著年紀漸增或吸菸導致的味覺敏感度下降之外，長期味覺系統損傷的案例十分少見。

在我開始喝咖啡之前，從來沒有思考過我的味蕾，但我在追求沖煮出一杯完美咖啡的過程，開始試著評估萃取狀態，並在每一杯咖啡發現新風味的過程

找到樂趣。然而，我很快就意識到重要的兩課：（1）我的味蕾因自身經驗而受限，（2）我能利用有意識地收集參考風味，改變我的味蕾。

我們能有意識地鍛鍊（或重新鍛鍊）味覺，聽起來十分合理。雖然關於味覺敏感度的感官鍛鍊相關研究不多，但現有研究似乎表示，鍛鍊確實能加強味覺感知與辨識的能力；即使只是單純的接觸與習慣，也能提升辨識能力，甚至無須進行複雜的鍛鍊。[54] 不過，鍛鍊似乎真的能實際提升味覺**敏感度**，也代表我們能夠透過鍛鍊，進而達到在低濃度之下偵測到味道。各位已經擁有本章提供的基本味道鍛鍊方式，可以利用製作高、低濃度的溶液，測試自己味覺敏感度的變化，並了解最低感知門檻。

再者，各位也能利用減少鹹味與甜味食物的攝取，提升味道敏感度。我們的味蕾對於鹹味與甜味可能會產生某種耐受性，變得需要更高濃度才能達到研究者所謂的「幸福點」或最佳愉悅度。[55] 例如，鹹味偏好可以改變，我們能學會享受低鹽飲食。根據我的個人經驗，當我減少加工食品（通常高鹽含量）的攝取之後，這點就十分明顯。在製作自家番茄醬的一年之後，再次嘗試我原本最愛的瓶裝番茄醬時，竟然覺得鹹到難以下嚥。

另一個是重複接觸。[56] 研究顯示，接觸某種味道的次數愈多，對它的耐受度也將愈高。苦味在這方面尤其明顯，更有趣的是，也許這也解釋了為何我們許多人能夠享受很苦的飲品，例如咖啡與啤酒。不過，如果你對某種討厭的味道特別敏感，想要克服這股厭惡感可能就不太容易。我個人對醋與發酵物的酸味十分敏感，讓我頗為困擾，因為它限制了我對許多料理的體驗。每隔一陣子，我都會再次嘗試，看看是否有所變化。不過，直到目前，很遺憾尚未改善。

CHAPTER 3
第三章

咖啡與風味

我們剛以技術層面討論了味覺，但我們都知道吃進食物與飲品的過程中，感官體驗並不僅限於基本味道。其他四種感官——嗅覺、觸覺、視覺與聽覺——也會一同運作。這些感官的綜合就是所謂的「風味」，也是充滿神奇與神秘的部分。在咖啡領域，風味代表的就是品質（各位還記得吧？）風味就是一杯咖啡能讓我們感到喜悅與驚喜的源頭，也是讓咖啡嘗起來像咖啡的原因（但也包含了可可或水果的味道）。這究竟是怎麼回事？老實說，我也並非完全確定原因，而且很顯然也沒有任何人能完全解釋。不過，我保證，若是細細探索風味的每個面向，一定能讓每天早上手中那杯咖啡變得更不凡，品味至更深的層次。

本章會將討論重點放在嗅覺與觸覺，以及與觸覺相關的化學感知（chemesthesis，有時也稱為三叉神經感覺〔trigeminal sense〕）。在章末，我們會總結形成咖啡風味的主要感知。

基本上，風味是多種感官接收資訊的綜合結果，讓我們能辨認放進口中的東西是什麼。一顆蘋果也許同時帶有甜味與酸味，但也同時結合了花香、清脆質地，以及更多資訊能讓我們認出這是一顆「蜜脆蘋果」（Honeycrisp apple），而不是「波士梨」（Bosc pear，一種西洋梨）。

風味並非凍結與某時刻而不再改變。就像前一章提到的，咖啡就是風味會隨品飲過程漸漸轉變的絕佳例子。正如著有《化學感知》（Chemesthesis）一書的傑出作家們所描述，風味「並非一張瞬時『快照』，更像是隨著品嘗過程一幕幕揭開的電影。」[1] 而我們千萬別忘了好好享受風味的演出！

我們的嗅覺與咖啡

還記得我們嗅聞氣味的感覺稱為嗅覺。如同味覺,我們的嗅覺也能幫助我們偵測與辨認環境中的化學物質,以演化視角而言,嗅覺也是協助我們物種得以生存的關鍵之一。以歷史角度論,嗅覺則不如其他感官受到重視。不過,人類基因中約有五十分之一的比例是專門用於嗅覺,我們也即將向各位介紹,嗅覺如何在我們生活許多層面都扮演十分重要的角色——尤其是我們的日常生活經常受到風味影響。[2]

哺乳動物通常都有發展良好的嗅覺系統,特別是區分不同氣味的能力。我們人類能夠辨別(也就是偵測出差異)至少一兆種氣味刺激。換句話說,我們辨認區別氣味的數量,遠超過顏色(230〜750百萬種)與音調(34萬種)。[3] 人們過去常認為人類的嗅覺不如其他哺乳動物,因為我們的嗅覺受器數量比狗與老鼠等動物更少。不過,近期研究顯示我們的嗅覺系統相當高階,而且偵測氣味刺激(稱為氣味分子〔odorants〕)的敏感度勝過許多哺乳動物,包括狗,在辨識測試氣味分子方面的能力則等同或略遜一籌。[4]

我們的嗅覺如何運作?

我們感知氣味的方式其實與感知甜、苦與鮮等基本味覺相似——鎖鑰模式。氣味分子(鑰匙)會與嗅覺受器(鎖)結合,嗅覺受器則位於鼻腔中嗅覺上皮(olfactory epithelium)內的感覺神經元。當受器啟動(解鎖),神經元會將訊息傳遞至大腦,進而形成我們的嗅覺感知。再者,我們感受與認知氣味是十分精密的過程,因此相較於其他哺乳動物,大腦處理氣味區塊的占比較大。嗅覺神經會直接把訊息傳遞到嗅球(olfactory bulb)、眼窩額葉皮質(orbitofrontal cortex,額葉的一部分),以及大腦邊緣系統(也就是先前

提到的原始大腦）。雖然我們的嗅覺受器數量比其他哺乳動物少了許多（例如人類約有 6 百萬個，狗則約有 3 億個），但我們強大的大腦處理功能彌補了這方面差異。[5]

我們認出某些特定氣味（例如咖啡），其實是認出了許多受器同時被相應多種氣味分子啟動的特定組合，也就是大腦認出了神經科學家高登・薛福（Gordon M. Shepherd）所稱的「氣味圖像」。換句話說，大腦以空間模式處理氣味資訊，而每一種氣味分子都會啟動一種特定空間圖樣。許多輸入大腦的感官資訊都是呈空間模式——我們最熟悉的就是視覺圖像——而氣味讀取方式也是一樣，雖然此過程具體概念化的描述相對困難。其實，氣味圖樣生成的方式與視覺圖像十分相似。大腦能辨識與解讀氣味的特殊圖樣，就如同我們認出某張面孔。科學家甚至可以實際標記出產生圖樣的神經活動圖，我們也因此能夠直接用肉眼看到嗅覺圖像。值得注意的是，產生圖樣的並非鼻子裡的嗅覺受器，這些受器負責將訊號傳遞至大腦內的嗅球，嗅球才是產生圖樣之處。[6]

如同我們的味覺，嗅覺也有助於我們遠離危險（例如我們聞到腐爛的臭味通常會快速避開）。雖然在現代生活的人類無須經常有意識地依賴嗅覺生存，但我們仍能如其他哺乳動物使用嗅覺，例如尋找基因差異較大的伴侶（各位應該聽過費洛蒙吧？）、辨識其他人類或動物留下的訊息（例如他們吃了什麼、我們之間是否有血緣關係、我們是否互相認識等等），還有以氣味追蹤食物。[7]

嗅覺在在風味感受過程扮演著重要角色，甚至可以說占據主導地位，包括咖啡。[8] 各位應該還記得，我們的味蕾能偵測到的基本味道僅僅數個，但我們能

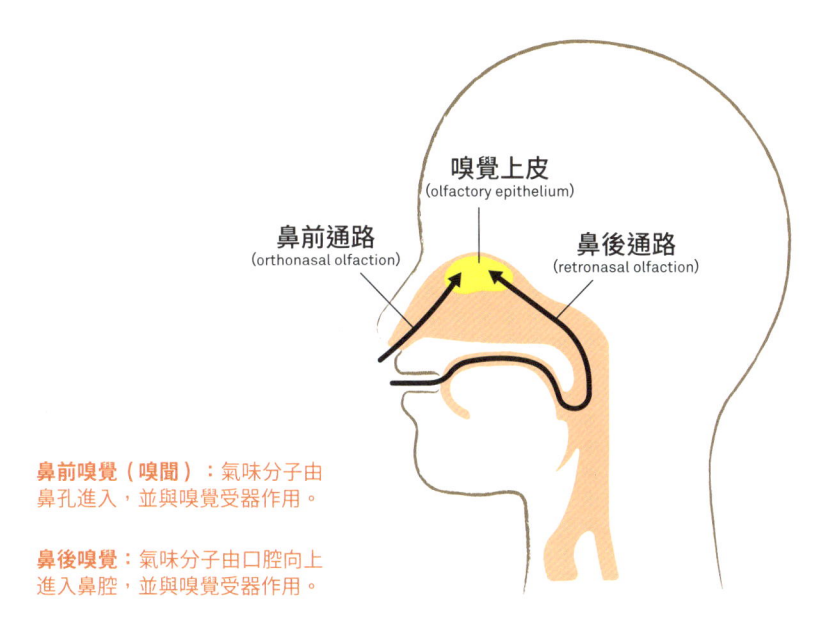

嗅覺上皮
(olfactory epithelium)

鼻前通路
(orthonasal olfaction)

鼻後通路
(retronasal olfaction)

鼻前嗅覺（嗅聞）：氣味分子由鼻孔進入，並與嗅覺受器作用。

鼻後嗅覺：氣味分子由口腔向上進入鼻腔，並與嗅覺受器作用。

感知到的氣味分子數以千計，而且它們的濃度往往非常微小。我們等等也會看到，味道與氣味分子的結合，可以說是能創造出某種層面的無限多種風味。

回想一下，我們剛剛介紹了兩種感知氣味的通路——鼻前與鼻後。這兩種嗅覺通道讓我們能以兩種不同方式感受咖啡。第一種是鼻前嗅覺，也就是當我們用鼻子聞東西的時候，例如現磨咖啡粉（乾香）與現煮咖啡（濕香）。當氣味分子由咖啡粉或咖啡液面，經由鼻孔進入鼻腔時，會刺激嗅覺受器，讓我們辨識出這是咖啡獨特的香氣。[9]

鼻前嗅覺通常就是我們對於嗅覺的第一印象，它能偵測周遭環境的狀態。人類在這方面的表現十分優秀——回想一下各位應該也曾經發現鄰居正在烤肉

（但完全沒有親眼見著），或是因為聞到空氣漫著潮濕土壤味，便知道等等要下雨了。＊不過，我們嗅覺系統的生理構造不如其他動物理想，這也是科學家過去認為人類嗅覺可能相對較弱的原因之一。例如，狗的生理構造設計為持續嗅聞環境，能捕捉當下與一段時間前的氣味線索。因此，我們會訓練犬隻協助嗅聞毒品、屍體與低血糖狀態。

反觀人類，我們的生理構造則是鼻後嗅覺最為理想。在品嘗風味時，最重要角色的便是鼻後嗅覺——也是人類嗅覺系統大放異彩之處。鼻後嗅覺發生在口內，當我們咀嚼或吞嚥之後，呼出的氣體將途經鼻腔。當我們吞下咖啡，氣味分子會釋放於口中，並從喉嚨後方上升至鼻腔，接著在此被嗅覺受器捕捉與解碼。鼻後嗅覺是創造風味與飲食過程不可或缺的部分，然而我們往往不會特別意識到——我們會以為自己正在品嘗（「喔，我真喜歡這個味道！」），品嘗味道好似僅發生在口腔，而非鼻腔。其實，我們的大腦會在同一時間解碼來自口腔的各種味覺與觸覺，以及源自鼻腔的嗅覺資訊，並由此創造一個充滿細節的故事，如同「閱讀」一則融合一體的感知。風味就是如此。鼻後嗅覺在其中扮演的關鍵地位無可比擬。少了嗅覺，我們僅能捕捉到基本味道：苦、酸、甜、鹹與鮮。我們心中所想的品嘗味道，其實主要來自氣味嗅覺。

＊「初雨的香氣」（petrichor）專指欲雨之際特有的土壤氣味。此氣味由多種揮發性化合物混合而成，包括植物油、微生物等等，會在土壤轉濕時釋放至空氣中。其中扮演重要角色的化合物之一稱為土臭素（geosmin），這是土壤內細菌活動的副產品，而人類對此氣味十分敏感。咖啡裡也有土臭素，期待有一種土地或類似甜菜的氣味。咖啡界常常將泥土類的氣味視為缺陷氣味，但根據「咖啡鼻聞香瓶」（Le Nez du Café，緊接著就會介紹），這是一種咖啡生豆在土壤上進行乾處理而帶有的典型特徵。

味 蕾 鍛 鍊

基本味道或鼻後嗅覺？

透過此練習，實際體會鼻後嗅覺在風味感知方面的影響多麼巨大。

需要準備

- 量匙
- 細白砂糖
- 肉桂粉

將1茶匙的糖與1茶匙的肉桂粉混合。捏住鼻子，嘗一下混合物的味道。味道如何？放開鼻子，並以鼻子呼吸。現在的味道如何？此練習應能讓各位體會鼻後嗅覺在風味感知方面，扮演多麼重要的角色。

訣竅

- 各位也可以試試盲品版本的練習。選一款包含許多口味的軟糖，例如雷根糖。閉上眼睛，從袋中隨意拿一顆。持續閉眼，並捏住鼻子，咬下半顆軟糖。味道如何？你能猜到這顆軟糖的口味嗎？放開鼻子，並以鼻子呼吸。現在能猜到軟糖的口味嗎。打開眼睛，看看自己是否猜對了。

咖啡的氣味

我們早先已經提到氣味分子是能與特定嗅覺受器作用的化學化合物。我們也已經知道，多種單一氣味分子能組合創造出一種氣味或嗅覺特質，並命名為例如剛割青草香、濕狗味、巧克力餅乾與咖啡。科學家認為，咖啡熟豆含有將近千種氣味分子，這也是咖啡帶有迷人複雜性的原因之一。[10] 我們已經知道，咖啡品飲體驗過程的氣味分子如交響曲般運作，從咖啡粉的乾香到現煮咖啡散發的濕香，接著是咖啡入口的風味，一直到口中縈繞不去的餘韻。

所以，這些氣味分子究竟是什麼？又來自哪兒？

部分氣味分子來自咖啡生豆（未烘焙的咖啡豆），部分則是源自烘焙過程。根據精品咖啡協會，科學家以化學家族將咖啡氣味分子進行分類，這份名單相當長：烴類（hydrocarbons）、醇類（alcohols）、醛類（aldehydes）、酮類（ketones）、酸與酐類（acids & anhydrides）、酯類（esters）、內酯類（lactones）、酚類（phenols）、呋喃與哌喃類（furans & pyrans）、噻吩類（thiophenes）、吡咯類（pyrroles）、噁唑類（oxazoles）、噻唑類（thiazoles）、吡啶類（pyridines）、吡嗪類（pyrazines）、各種含氮化合物，以及各種含硫化合物。光是呋喃與哌喃類，就囊括了超過140種化合物，這些化合物都是由烘焙過程的梅納反應形成。[11]

各位也許會很自然地認為來自同一化學家族的氣味分子，應該就擁有相似的感知特質，但事實並非如此。精品咖啡協會建議可以將咖啡的氣味分子劃分為兩大類，其一是提供咖啡「經典特質」香氣或風味的氣味分子，也就是這些氣味分子能讓我們大聲說出「喔，這是咖啡！」；另一類則讓咖啡帶有「獨有特質」的氣味分子，[12] 這些分子能讓我們說「喔，這杯咖啡有藍莓鬆餅的味道！」

科學家認為所謂的「強效氣味分子」（即使濃度極低也能發出強烈氣味的分子），當不論品種、後製處理與烘焙等等方式為何，都是不同類型咖啡共同擁有的經典感官特質。這些氣味分子也可以視為咖啡的「基本成分」，即使會以不同濃度比例與其他化合物混合，但依舊把持著核心主軸；也因如此，科學家認為這類氣味分子就是咖啡之所以有「咖啡感」的來源。[13] 部分研究顯示，咖啡含有的強效氣味分子可能高達 38 種，奇怪的是，這些氣味分子單獨嗅聞的描述都不太討喜，例如肉味、貓味、烘烤與泥土。也有聽起來好一些的描述，例如焦糖香、辛香料。雖然如此，當它們湊在一起時，就能創造出我們熟悉且迷人的咖啡香。當然，不同咖啡的香氣差異可以相當巨大，這是因為創造不同咖啡獨有特質的化合物有好幾百種。精品咖啡協會表示可以將這些化合物看成「為基本成分增加複雜度、深度與多元性的香料與調味料」。部分化合物的作用則已經為人所知，例如 3- 甲基丁酸乙酯（ethyl 3-methylbutanoate）能產生藍莓風味。[14] 然而，我們目前尚未辨識出咖啡的所有氣味化合物，而且，即使我們能將單一化合物連結至特定感官特質，但在自然環境與烘焙過程中，這些化合物也會以不同的組合與比例混合，究竟會產生何種效果仍然僅能大致推測，或根本無法預判。

咖啡專業人士常常使用「咖啡鼻聞香瓶」鍛鍊嗅覺，這套聞香瓶包含 36 種咖啡關鍵香氣參考物，並細分為十類：泥土、植蔬、乾植物、木質、辛香料、花、水果、動物、烘烤與化學。「咖啡鼻聞香瓶」是由法國工藝精湛的專家以類似製作香水的方式完成。每一種參考香氣都以複製香氣為目標，並經過精準調配所得的一小瓶液體。這些聞香瓶內的參考液體通常都含有與該香氣有關的化學物質，例如 4- 乙基癒創木酚（4-ethylguaiacol）就是咖啡（與葡萄酒）內能產生丁香特徵的化學物質。這套聞香瓶十分昂貴，因此對一般咖啡愛好者而言

並不實用。雖然精品咖啡協會的感官訓練課程會使用這套「咖啡鼻聞香瓶」，但參與課程的學生通常不會自行購買（而是講師提供）。課程學生會反覆嗅聞參考物，試著將香氣與名稱牢記於腦中記憶庫，直到能在盲品過程辨識出所有香氣。此訓練目的就是在實際品飲咖啡時，能辨識並說出香氣的名稱。我們將在第四章討論部分類似的香氣，並介紹日常生活比較容易取得的參考物輔助理解。

部分研究顯示，氣味也可能影響人們的質地感受，例如一篇研究發現香草的氣味會增加布丁的油滑奶油感。[15] 另外，也有研究顯示，特定香氣化合物能影響人們對於基本味覺的感受（雖然我尚未找到針對咖啡的相關研究）；例如一篇研究顯示，紅糖的某些香氣化合物能提升糖溶液的甜感（即使溶液的實際甜度並未改變）。[16] 相關現象可能就是咖啡嘗起來似乎甜甜的關鍵原因，即使咖啡內甜味分子的含量低於人類能感受的門檻；例如，咖啡也包含許多能聯想到水果與焦糖甜味的香氣。

咖啡的觸覺

我們的觸覺稱為體感（somatosensation）。體感系統的體感受器會回應三種主要物理刺激：疼痛（痛覺受器，nociceptors）、溫度（暖感或冷感受器，thermoreceptors）與觸覺（機械受器，mechanoreceptors）。觸覺包含許多我們熟悉的刺激，例如觸碰、振動、壓力、拉伸等等。體感系統也幫助我們認知自己的身體部位，並知道這些部位正在做些什麼，例如我們可以知道自己的手正放在背後或頭頂，以及我們的肌肉該如何運作。[17] 談到風味整體，

體感可謂相當關鍵,但常被忽略。雖然各位可能從未在喝咖啡時有意識地感受觸感,但我敢打賭,觸覺一定不只一次影響各位是否喜歡面前這杯咖啡。

嗅聞、氣味、濕香、乾香……我的老天呀!

各位應該已經注意到了,嗅覺(也就是透過嗅覺系統產生的感官特質的過程)的相關術語十分令人困惑。因為某個名詞在我們咖啡外行人的日常生活可能代表某種意思,但在科學家口中可能指的是某個特定意義,而咖啡專業人士又為了因應業內需求,再進一步細分定義。

如同早先提到的,科學家通常會以**氣味**(odor)代表由氣味分子與嗅覺系統互動所產生的感官特質。在咖啡產業,專業人士則是根據嗅覺感知落在哪個咖啡體驗階段,而細分成兩個關於氣味的術語:現磨咖啡粉散發的**乾香**(fragrance),以及現煮咖啡的**濕香**(aroma)。兩個名詞都是鼻前嗅覺;同樣地,世界咖啡研究中心出版的《咖啡感官辭典》以「aroma」一詞代表鼻前嗅覺的感知屬性。在咖啡產業,一旦嗅覺發生在鼻後通路,氣味分子就會以**風味**(flavor)形容或歸類至**尾韻**(aftertaste)。

在本書,我則是試著僅用**嗅聞**(smell)代表嗅覺感官,或是嗅聞的動作——所以,我並非以嗅聞直接代指氣味,雖然我們在日常生活常常混用。

我還要火上加油地多加一個術語:**芬香物質**(aromatics)——例如,「這杯咖啡裡的芳香物質」。幾乎所有人都會以芳香物質一詞泛指,形塑一杯咖啡嗅覺相關感知特質的氣味分子組合,而且不論發生在咖啡體驗的哪個階段,或是來自鼻前或鼻後嗅覺。

我們的觸覺如何運作？

不同於我們的味覺與嗅覺，觸覺主要是物理感知：通常對物理刺激（而非化學刺激）做出反應（不過，我們等等也會看到一些例外）。如同其他感官，觸覺也是透過神經受器偵測刺激，並將資訊傳遞至大腦。反應的起點為第五腦神經（fifth cranial nerve）三叉神經相關的受器，接下來，訊息先傳遞到負責控制人體基本生存功能的腦幹（十分合理，例如，如果感到疼痛，就必須做出立即反應）。然後，訊息會傳遞到丘腦（thalamus），再到大腦皮層與體感有關的區塊。[18]

我們多數人可能都會認為觸覺主要跟皮膚有關，但其實幾乎全身各個部位都有體感受器——回想一下胃酸逆流時，胃部與食道出現的灼痛感。口腔也充滿了體感受器，我們討論咖啡體驗的觸覺受器就是聚焦於這些受器。說到觸覺的敏感程度，其實口腔與指尖相當，而且舌頭是人體對於溫度最敏感的部位。[19]

口感（mouthfeel）是個廣義名詞，指口腔的體感。換句話說，口感描繪的是我們在吃或喝東西時，口腔帶來的物理與觸覺感受。[20] 口腔中的神經網絡能讓我們分辨食物是脆或黏糊糊、滾燙或微溫、濃厚黏稠或稀薄水感、如石堅硬或柔軟等等。如同我們提過的，三叉神經對於口感知覺至關重要。三叉

**說到觸覺的敏感程度，
其實口腔與指尖相當，
而且舌頭是人體對於溫度最敏感的部位。**

神經涵蓋面部、大部分頭皮、口腔與牙齒。在運動功能方面,它也負責控制咀嚼與舌頭運動。舌頭的運動再加上牙齒的神經末梢,能讓我們判斷口中食物的尺寸、形狀與重量,同時也能感知是否疼痛、熱或冷、脆或帶有嚼勁、粗糙或光滑等等。[21] 補充有趣知識:負責味覺與做出面部表情肌肉的,並非三叉神經,而是另一條腦神經——顏面神經。[22]

口感往往會直接影響我們對食物的喜好,有時甚至與食物的風味無關。這部分則是各自的主觀,例如,我完全無法接受果凍的質地,雖然風味很不錯;相反地,我很喜歡香蕉的口感,但其風味並非我的最愛。

不過,我們對於食物或飲品的判斷常與口感是否符合期待有關,這種預期來自食物尚未進入口中之前,我們的過往經驗與視覺及嗅覺等其他感官資訊。例如,當我們看見一片薯片,過往經驗與目視都告訴我們薯片理應是酥脆的,一旦放入口中發現竟然是軟的,很有可能就會感到厭惡——即使風味與我們熟悉的薯片完全一樣。[23] 此現象不僅僅源於個人喜好,也可能與生存本能有關——如同味覺與嗅覺,口感也能幫助我們判斷吃進的食物是否安全。當通常是堅硬的食物變軟,或往往該是柔軟的食物變硬,通常就是食物變質、腐敗或可能具危害的警訊。但口感還有另一個與預期無關的作用,例如能夠告訴我們咖啡是否過燙。

化學感知（化學刺激）

先前曾提到，我們的觸覺「主要為物理感知」，而且「通常」會對物理刺激產生反應。不過，我們的體感系統也會對化學刺激做出反應，這種狀態就稱為化學感知。[24] 有時，化學感知單純代表「化學刺激」，因為常常都是刺激的感受：辣椒的辣椒素造成的**灼熱感**、薄荷的薄荷純形成的尖銳**清涼感**、黑胡椒的胡椒鹼（piperine）造成的**辛辣感**、汽水的碳酸氣體形成的**刺痛感**、薑的薑醇（gingerols）造成的**溫熱感**。然而，在適當的平衡之下，這些「刺激」能其實能讓我們更享受食物與飲品。

產生化學感知的化合物往往來自植物油與萃取物，這些化合物在大自然能發揮保護植物的作用——例如，防止草食動物啃食。[25]

化學感知似乎屬於味覺的一部分，但技術層面而言，並不屬於味覺。引起化學感知的化學物質並不會與味覺受器反應，而是與觸覺受器作用。部分研究者認為，化學感知為觸覺的「次級感官特質」，[26] 或是體感的三種主要模式（疼痛、溫度與觸碰）之特性。例如，辣椒素會與溫度受器作用，這也是為何明明是室溫的哈瓦那辣椒還會讓舌頭覺得「很燙」。化學感知也能引起不自主的生理反應，例如咳嗽、流口水、打噴嚏，此時就是身體試著擺脫這些刺激物。

雖然化學物質通常都是與三叉神經的感覺受器作用，但也可能與上皮細胞（我們的皮膚就是一種上皮細胞）的受器與／或離子通道作用，這也代表化學感知可能在身體的各個角落發生，而不僅限於口腔與鼻腔。[27]（各位應該也有注意到，吃了辛辣食物後，排便時也會感覺到灼熱。）

喝咖啡最常遇見的觸覺感受是澀感，也就是讓舌頭感到乾燥的感覺。澀感也常見於紅酒，主要由一種常出現在植物的化合物單寧所造成。咖啡也含有單寧，但目前針對咖啡澀感產生機制的相關研究還不是很深入。不過，一般認為，單寧應是讓咖啡產生澀感的因素之一，另外還有部分酸類，如奎寧酸與綠原酸。[28]

目前已廣泛研究且確定的機制則是澀感的產生，與單寧等化合物及唾液中的蛋白質結合有關。一旦結合，蛋白質會從唾液中分離，口腔也因此出現殘留物。由於蛋白質讓唾液帶有滑順感，所以當蛋白質與單寧結合之後，滑順感便會降低，再加上殘留物，口腔就感到乾澀，也就是所謂的澀感。[29]

不過，關於偵測到澀感的機制在科學界則仍具爭議——記得，機制為科學家解釋與定義感官類型的必要條件。例如，澀感曾經歸類為基本味道之一，但後來因為味覺受器並未作用，所以被推翻了。雖然我們已知三叉神經參與其中，但具體細節尚不明朗。我有看到部分研究認為澀感屬於化學感知，代表澀感是與化學受器。但也有研究表示，澀感究竟是與化學受器或其他觸覺受器反應，目前還未確定。[30]

無論感知澀感的機制為何，重要的是咖啡中的澀感落在觸覺與口感的範疇。人們經常會混淆了澀感與苦味，雖然一杯咖啡通常都包含了這兩者，但它們是截然不同的感官知覺。澀感是咖啡口感相當重要的一部分，所以值得各位花點功夫練習辨認。澀感會讓舌頭表面與／或邊緣出現強烈的乾燥、收斂、緊縮或些微刺麻的感受，有時也會延伸至臉頰內側。

味蕾鍛鍊

澀感或苦味？

透過此練習，鍛鍊分辨澀感（觸覺）與苦味（味覺）的能力。

需要準備

- 電子秤（精度0.1公克）
- 明礬
- 1公升熱的過濾水或泉水（無添加物），以及常溫水（當作無味標準）
- 0.05％苦味溶液（請見第29頁）
- 3個尺寸相同的杯子

製作濃度為0.05％的明礬溶液：在1公升的水溶解0.5公克明礬，攪拌和搖晃至完全溶解。

將明礬溶液倒入第一個杯子，並將室溫水倒入第二個杯子，再將苦味溶液倒入第三個杯子。分別品飲並比較舌頭與口腔的感受。

訣竅

- 超市的辛香料或香草區通常可以找到明礬。明礬可用於醃製食物，所以也有可能放在靠近醃漬食物區附近。若是無法取得明礬，也可以吃些未熟香蕉體驗澀感。試著專注於空中出現的乾澀感受。記得，澀感強度與感受範圍可能因人而異。

- 將其保存於冰箱，並在數日之內使用完畢。品飲之前，請取出靜置至室溫。

- 《咖啡感官辭典》中，明礬溶液為「口腔乾澀感」的參考物。更多關於澀感屬性的細節，請見第四章。

口感有助於我們辨認與確認風味,甚至也能影響其他感官對於風味的感受,反之亦然。例如,研究發現黏度會拉高酸味、甜味與苦味的偵測門檻(也就是降低強度),同時會增加鮮味的強度。另外,溫度也會影響我們的味覺;當溫度過高,味覺能力會是受到抑制。研究顯示,我們對於蔗糖(甜味)與其他味道分子的最佳感知溫度為 22～23°C(72～91°F)。也因此,現煮咖啡在稍微放涼之後,更能嘗出其風味。[31] 精品咖啡協會也針對專業咖啡品鑑制定了溫度相關標準規範。品鑑的第一次入口溫度,應等到咖啡降溫至 71°C(160°F)。部分咖啡風味(酸質、醇厚度與平衡)的品鑑溫度應為 60～71°C(140～160°F);其他風味(甜度、一致性、乾淨度)的品鑑則必須等到咖啡冷卻至室溫或低於 38°C(100°F)。專業咖啡品飲師不應在咖啡溫度低於 21°C(70°F)時品飲。[32]

口感與咖啡

咖啡的口感不僅影響我們對於風味的整體感受,也會影響享受程度。我們可以透過口感,決定偏好製作哪種咖啡或調整沖煮方式。咖啡口感的四大要素:溫度、澀感、厚度與質地。各位在喝進咖啡時,溫度與澀感可能就是最直覺的感受。溫度的選擇通常會根據我們的個人偏好,例如寒冷天氣時我們往往偏好熱咖啡,大熱天時則可能比較想來杯冰咖啡。

澀感多寡也很有可能影響我們能否享受面前這杯咖啡,即使各位在閱讀本書之前也許並不知道其稱為澀感。紅酒中的澀感常被視為正向特質,但咖啡與之不同,一般會視之為不討喜,因為澀感很容易變成主導感受。[33] 根據精品咖啡協會,咖啡的澀感往往與咖啡生豆未熟或烘焙不足有關,這兩者都會導致讓咖啡產生澀感的綠原酸濃度較高。[34] 在美國,咖啡的澀感通常來自

於不當萃取。綠原酸的分子較大，所以需要較長的時間以水萃取。然而，手沖等某些咖啡沖煮方式，會使熱水穿過咖啡粉層的過程容易形成通道效應（channeling，即水流會繞過部分咖啡粉層區塊，部分咖啡粉層區塊則接觸時間過長）。當水與咖啡粉的接觸時間較長時，就容易造成綠原酸過度萃取，並使澀感增加。[35]

澀感、厚度與質地，共同構成了咖啡專業領域所稱的醇厚度；此為精品咖啡協會《咖啡感官與杯測手冊》中的定義。[36] 在我的個人經驗，許多咖啡人都會將醇厚度與口感混用——也許各位已經有注意到。不過，在這方面我比較傾向遵循精品咖啡協會的定義：醇厚度僅描述咖啡的觸覺特質，並且只是口感的一部分。口感（僅限於咖啡領域）則包含了溫度、澀感、厚度與質地。

其中較複雜的是，厚度與質地兩個術語的界線有些模糊。我的理解是，質地為最廣義的名詞，描述的是所有與觸覺相關的感官特質；厚度則是其中的分類之一，通常與咖啡的「重量感」（這也是咖啡業界另一個婉轉用語）或「黏度」（科學界與液體流動性相關的名詞）。但在咖啡界，常會將厚度與質地是為兩個不同的概念。我能想到最簡單的解釋：厚度描述的是咖啡在口中的感覺有多麼接近水的感覺。愈接近水的感覺，就會將咖啡形容成「較薄」或「較輕」；愈接近水中添加了更多東西，會形容成「較厚」或「較重」。另一方面，質地描述的是品飲咖啡的其他所有觸覺感受。

其中最大的挑戰（且不僅限於咖啡界），就是質地極難描述，所以我們往往會用譬喻的方式表達。感官知覺時常如此，光是能看見的事物就已經很難描述了（例如，該如何向從未見過藍色的人描繪藍色？），更何況是沒有可見形體的感受。語言本身便是一種不完美的媒介，而我們還會時常混用名

味 蕾 鍛 鍊

醇厚度的輕或重

透過此練習，鍛鍊分辨飲品（包括咖啡）的醇厚度輕與重。

需要準備

- 脫脂牛奶
- 1%減脂牛奶
- 全脂牛奶
- 過濾水或泉水（無添加物）
- 4個尺寸相同的杯子

將脫脂牛奶、1%減脂牛奶、全脂牛奶與水分別倒入四個杯子中。分別品飲，並專注於比較口中液體的重量。品飲每一杯之間，以水漱口。將三杯牛奶分別與水比較，也有助於練習。你能描述它們之間的差異嗎？哪一杯最重？哪一杯最輕？

這三杯牛奶的乳脂（butterfat）含量不同，其他成分則大致相同。乳脂比例會因國家而異，但在美國，脫脂牛奶為0～0.5%，1%減脂牛奶即為1%，而全脂牛奶則是3.25%。油脂即是脂質，脂質影響的僅有醇厚度。

訣竅

- 如果各位想試試盲品版本，很簡單，只要將標籤貼在杯底，再請一位朋友協助排列各杯牛奶的順序。

- 若是想要比較更極端的例子，可以使用「一半一半牛奶」（half-and-half，即一半牛奶與一半鮮奶油，乳脂比例為10.5～18%）。備註：1%減脂牛奶與一半一半牛奶，都是《咖啡感官辭典》油滑口感的參考物。

- 給純素讀者：可以替換成罐裝椰奶。請先充分搖晃椰奶罐，使之均勻，接著將椰奶平分倒入兩個杯子。先將其中一杯放置一旁；這是全脂參考杯。將第二杯椰奶以等量水稀釋（也就是椰奶與水的比例是1：1）；這是半脂參考杯。將第二杯的一半分量倒入第三個杯子，再次以等量水稀釋（也就是第二杯混合液與水的比例是1：1）；這就是低脂參考杯。

詞，甚至混用科學領域中具有明確定義的名詞。下一頁的液態食物形容詞表格，是我根據學術論文「質地是一種感官屬性」（Texture Is a Sensory Property），調整並重新命名，使其聚焦於咖啡口感名詞，並附上更具體的定義。[37] 在備註欄中，我則是盡力提供必要資訊，並試著拉進科學與咖啡術語之間的差異。目前，咖啡口感名詞尚未有完整詳盡的詞彙整理，[38] 因此表格中的定義都是來自我自身聽聞與使用的經驗。也許某天，就會有一套正式的標準咖啡口感詞彙表！在此之前，希望這個表格能協助各位更精確地描繪口中的咖啡。

咖啡的醇厚度（包括厚度與質地），來自懸浮於咖啡中的不可溶固體（也就是無法溶於水的化合物）。其中一類化合物為多醣類（polysaccharides），如纖維素（cellulose）、半纖維素（hemicellulose）、阿拉伯半乳聚糖（arabinogalactan）與果膠（pectin）等碳水化合物分子，這些分子過大而無法溶解，因此「展開」並懸浮於咖啡中。某些植物物質顆粒大到肉眼可見——沉澱之後稱為細粉或沉澱物。這些是磨豆時產生的極細小咖啡豆顆粒。另一個增加咖啡醇厚度的則是脂質，例如三酸甘油脂（triglycerides）、萜烯類（terpenes）、生育酚（tocopherols）與固醇類（sterols）。簡單來說，咖啡油就是一種脂質。脂質具有疏水性，因此無法溶於水。不過，脂質可被乳化——例如沙拉的淋醬必須充分攪拌，才能讓油與酸性液體充分混合。咖啡中的油脂也只需要一點其他化合物的幫助，就能在咖啡中穩定下來，如同沙拉淋醬中的油。義式濃縮咖啡的克利瑪（crema）就能明顯看到油脂，不過，滴濾咖啡一樣也有懸浮油脂，雖然融合程度並非太高——各位應該也看過咖啡表面漂浮著亮亮的薄油膜吧？脂質能讓咖啡帶有滑順或油滑的質地。[39]

咖啡口感形容詞

精品咖啡協會／咖啡名詞	口感				
	醇厚度			澀感	溫度
	厚度／重量感	質地			
科學分類	醇厚度、黏度	軟組織表面的感受	口腔包覆	化學作用	溫度
典型咖啡特性	• 厚／重 • 薄／輕／如茶／細緻	• 滑順 • 粗／砂礫／如砂 • 綿密柔滑 • 鮮美多汁 • 圓潤	• 油滑／如奶油 • 包覆 • 餘韻綿長 • 乾淨	• 澀 • 乾燥 • 緊縮 • 粉末感 • 粉筆感	• 熱 • 冷
備註	科學界關於黏度與醇厚度之間的區分十分明確,但在咖啡界則較為模糊。在我個人經驗中,厚與薄通常會用於負面批評,而重與輕則常用在符合預期的正面描述。但這四個名詞其實都是形容咖啡的厚度。	在我個人經驗中,綿密柔滑用於形容圓潤、滑順、絲絨般的感覺;鮮美多汁則用來描述生津的感覺。這兩個形容詞與科學定義相符,但比起出現在乳製品或果汁,用來形容咖啡時則比較微妙。圓潤為一種可以感覺咖啡瞬間分布於整個舌頭／口腔的感覺。	在我個人經驗中,油滑、包覆與餘韻綿長常常會一起出現。油滑的咖啡會實際含有油脂,進而常有些許物質殘存於口腔,所以往往會有包覆與餘韻綿長的感覺。乾淨會用於描述相反於油滑的情況,也就是沒有口腔包覆感。	這些名詞也常出現在描述尾韻。與澀感的化學作用會持續不滅的現象相符。近期研究認為,澀感可能包含不同特性,所以我也列了這些名詞。但我不太確定是否所有人都會覺得粉末感帶有澀感,但我有此感受。	感謝老天,終於有個如此直接了當的類型。

CHAPTER 3 | 咖啡與風味　79

整體而言，咖啡懸浮物愈多，口腔愈能明顯地感受到這些物質，咖啡的口感也就更遠離水的感覺。

在某種程度上，醇厚度受到咖啡品種、後製處理與烘焙方式影響。例如，相較於阿拉比卡咖啡豆，羅布斯塔咖啡豆的密度較高且脂質含量較低，因此羅布斯塔咖啡的醇厚度通常較重且粗。相較於水洗處理咖啡豆，經過日曬處理（natural process，即採收後，咖啡果肉會與豆子一起曬乾）的咖啡豆通常醇厚度更重，也許是因為後製處理過程會對多醣類產生影響。[40] 另外，烘焙過程會使咖啡豆的細胞結構分解，並從咖啡豆逼出更多油脂，因此，相較於烘焙時間較短且較淺的咖啡豆，烘焙時間較長且較深的醇厚度較重。[41]

不過，沖煮方式也許可謂對於醇厚度影響最大。這是因為某些沖煮方式會讓不可溶化合物進入咖啡飲品杯中，但也有些沖煮方式會除去這些化合物。以許多手沖咖啡方式而言，差異主要取決於採用的濾紙類型。例如，法式濾壓（French press）擁有孔洞相對較大的金屬濾網，能讓許多懸浮化合物流進咖啡中，反觀 V60 或 Chemex 濾杯則是使用能抓住許多懸浮化合物的濾紙。因此，法式濾壓咖啡往往醇厚度較重。此外，通常是咖啡粉與水一起煮沸萃取的煎煮式咖啡（decoction methods），如土耳其咖啡壺（ibrik/cezve），往往會做出一杯充滿大量懸浮顆粒的咖啡，因此帶有明顯厚重與顆粒感的質地。另一方面，義式濃縮咖啡利用高壓乳化脂質，不僅能產生克利瑪油層，也擁有厚重又油滑醇厚度。

各位在品飲咖啡與評斷口感時，請記得我們的薯片例子（請見第 63 頁）：我們的口感印象參雜著大量的經驗預期。例如，當我們點了一杯義式濃縮咖啡，通常是預期它帶有厚重且油滑的特性，一旦入口嘗到的是稀薄水感變很可能

> 醇厚度並沒有理想標準，
> 關鍵在於背景脈絡。

大失所望——此時，便是製作方式不如預期。同樣地，如果各位點了一杯土耳其咖啡，卻埋怨口感不似 Chemex 濾杯沖煮出的咖啡那般乾淨，我就會認為，老兄，問題出在你身上，而不是咖啡。換句話說，醇厚度並沒有理想標準，關鍵在於背景脈絡。

當然，個人偏好也是影響之一，而且一旦熟知自己的偏好，就能以此選擇沖煮方式。醇厚度的變化極廣。至少在我的圈子，許多咖啡專業人士較喜歡所謂乾淨的咖啡（也就是細粉與油脂較少的咖啡），導致某些人對法式濾壓咖啡透著輕視，認為其厚度與質地屬於「次等」。但這並非次等，僅僅是不同。別在意那些聲音。

另外還有一個更複雜的因素是，醇厚度也是咖啡萃取不足或過度萃取的徵兆——也就是說，咖啡的萃取狀態處於極端。萃取不足的咖啡口感稀薄水感（因為水沒有足夠的時間萃取出化合物），而過度萃取的咖啡口感嘗試厚重（因為水萃取化合物的時間過多）。不過，醇厚度僅僅是許多萃取不良的指標之一。萃取不足的咖啡往往香氣與風味較淡，也可能顯得較酸。過度萃取的咖啡通常會是極度苦澀，且口感厚重。換句話說，我們必須考慮風味整體，而非單一特性。

CHAPTER 3 | 咖啡與風味

味蕾鍛鍊

探索醇厚度

透過此練習，鍛鍊直接分辨咖啡醇厚度的輕與重。

需要準備

- 自選咖啡粉
- 法式濾壓壺
- 濾沖咖啡器具（如V60或Chemex濾杯）
- 過濾水或泉水（無添加物）

以法式濾壓壺與濾紙濾沖兩種方式沖煮咖啡。盡量讓兩杯咖啡同時準備好，或是利用保溫壺裝盛其中一款咖啡，確保品飲時兩者溫度一致。另一種替代方式，就是直接在咖啡店同時購買兩種咖啡。分別品飲並比較醇厚度。分別與水比較。你注意到什麼？試著以第71頁表格中的名詞描述厚度與質地。

訣竅

- 當你嘗過的咖啡類型愈多（若是可以，一同品飲比較更佳），就更容易辨別醇厚度。有機會出國旅遊時，試著尋找居住地喝不到的咖啡類型，並有意識地注意咖啡的醇厚度。

全部加起來：風味與咖啡

目前為止，我們逐一討論了組成風味的各個感官，但是，風味的感覺到底如何產生？基本上，大腦會瞬間同時整合不同感官（味覺、嗅覺與觸覺）輸入的資訊，並形成一個各因素都難以從整體分離的複雜且單一印象。這個整體印象就是我們所認知的風味。如神經科學家高登・薛福所描述，「大腦會自動創造風味感知」，亦即大腦以各感官輸入的資訊產生圖樣，而這些圖樣對不同人而言能與不同特定意義產生連結。[42] 風味所代表的意義（營養、危險、令人愉快、感到不快等等），不僅能儲存也能快速喚起，還可以加以調整。

如前所討論，我們的每一個感知都是由某種受器作為起點，接著將訊息傳遞至大腦。不同感官知覺資訊傳遞至大腦的路徑也不同，但最後都會抵達同一個地方：眼窩額葉皮質——前額葉皮質的一部分，位於眼窩上方。根據薛福，感官資訊很有可能便是在此處整合，也就是辨識出風味的所在。眼窩額葉皮質的細胞也與大腦涉及情緒、彈性學習、記憶與獎勵決策之區域連結。當我們對風味產生反應時，這些過程都相當重要，例如我喜歡這個風味嗎？這對我有益或有害？我之前吃過嗎？之前吃過的經驗不好嗎？它有讓我聯想到曾經吃過的東西嗎？我該繼續吃嗎？[43] 我的理解是，風味的存在就是為了回答這些問題。

風味最有趣的一點，就是儘管我們理智上知道風味包含著無數成分，但仍然是單一且獨特的印象——風味絕非僅是「味覺＋嗅覺＋觸覺」的簡單加總。所有感官知覺會交互作用、彼此影響，有時甚至能相互轉化，最終創造出我們感知到的風味。此現象稱為多重感官整合（multisensory integration）。如果各位讀過薛福所著的《神經美食學》（*Neurogastronomy*）——希望

大家都能找來看看——就會看到許多例子證明風味遠遠超越各感官的單純總和，但我在本書僅會提到幾個概念說明。

第一個概念是協同刺激（costimulation），也就是當兩種感官同時發生時（例如味覺與鼻後嗅覺）。如果各位都已經做過第 57 頁的練習，就已經實際體驗過了協同刺激。相較於大腦被單一刺激啟動的區域面積總和，協同刺激發生時，大腦被啟動的區塊面積更大。有時，感官知覺會彼此「融合」，此時，我們可能會覺得自己聞到味道（「這杯咖啡聞起來甜甜的」），但其實以生理學角度而言不可能發生。某些情況中，同一時間偵測到的感官訊號可能不止兩種；某些細胞其實能同時對兩種刺激做出反應。例如，某些味覺細胞也會對質地及溫度（口感）產生反應。[44]

有時，不同感官知覺也會互相影響——本書其他部分也有簡短提及。例如黏度（觸覺）會受到基本味道影響：「甜味會增強黏度感受、酸味會降低、苦味則不會影響。」[45]

而且有時，不同的感官刺激還有可能彼此強化。同時感知到兩種以上的刺激，與單一刺激的感知有著根本性的差異。「模式內增強」代表兩種相似感官的相互強化，例如兩種基本味道；「模式間增強」則是兩種感官的刺激彼此強化，例如味覺與嗅覺。研究顯示，當兩種含量皆低於人類偵測門檻的味道分子，彼此混合且一同入口時，人類突然就能感覺到這兩種味道。某些味覺與嗅覺的組合也會發生相同現象，雖然它們必須彼此「互補」。[46]如先前提到的，雖然咖啡內的甜味分子含量低於人類感知門檻，但我們普遍認為咖啡嘗起來甜甜的解釋之一，也與此相關。也許味道分子與氣味分子能彼此強化。

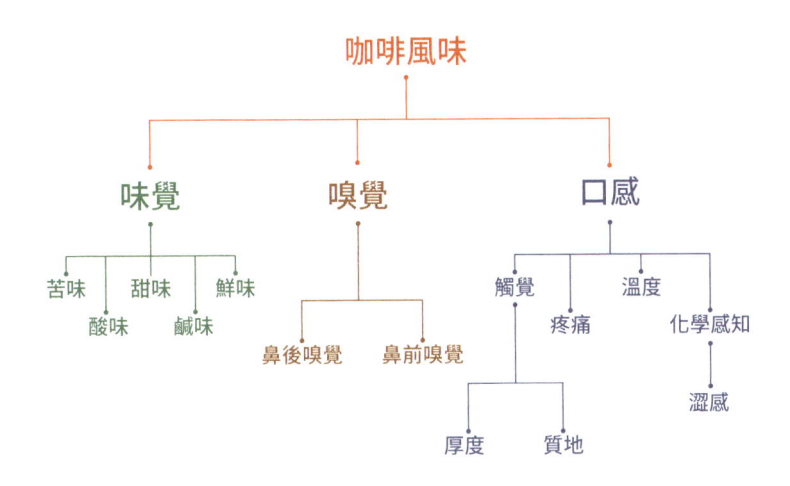

```
                          咖啡風味
         ┌───────────────────┼───────────────────┐
        味覺                 嗅覺                口感
    ┌────┼────┐          ┌────┴────┐      ┌──────┼──────┐
   苦味  甜味  鮮味      鼻後嗅覺  鼻前嗅覺   觸覺        溫度
    酸味  鹹味                              疼痛       化學感知
                                                         澀感
                                           厚度   質地
```

影響咖啡風味的主要味覺、嗅覺與口感（觸覺）資訊輸入。

薛福創造了「人類大腦風味系統」（human brain flavor system）術語，以描述大腦形成風味感知的無數部分與過程。[47] 他鼓勵我們以兩個階段思考此系統。第一階段為所有感官系統——嗅覺、味覺、體感——這些系統接收感官資訊並組合成風味。這些結合形成的圖樣創造了薛福所謂的「風味物質之腦內影像」（internal brain image' of a flavor object）。[48] 第二階段為所有對風味做出反應的大腦區塊，「這些區塊屬於行為控制系統，能調動人類大腦系統所有能力以產生與控制行為」。[49]

記得，以生物學角度而言，風味是一組條理分明的資訊集合——部分為天生固有，部分是後天學習——告訴我們大腦如何回應口中的食物與飲品。相較於其他哺乳動物，人類大腦負責偵測、處理與整合風味的區塊範圍極為廣大，

CHAPTER 3 ｜ 咖啡與風味

也代表風味感知對於人類物種生存具有關鍵作用。這方面的生物學特色——即大腦提供了風味感知強大的處理功能——的確為人類獨有。若要深入探討，我們應該看看風味、情緒與記憶之間的關聯。

風味、情緒與記憶

在上一部分，我簡短提到所有感官資訊最終會在眼窩額葉皮質集中，此區域的細胞又與負責處理情緒、記憶、彈性學習與獎勵決策的大腦邊緣系統相連。以生物學角度而言，這一切都與動機有關：為了獲得身體所需養分，大腦必須創造我們對於食物與飲品的渴望。以情緒而言，我們將動機或缺乏動機解讀成喜愛或厭惡。如前所提到，科學界術語則是享樂價值，我們對於某種事物感到的愉快或不悅程度。換句話說，在攝取生存所需必要養分方面，情緒也發揮了一定的作用。

有趣的是，研究顯示我們對於基本味覺的享樂價值是與生俱來——甜味帶來愉快的感覺、苦味引起討厭的反應等等。[50] 不過，風味似乎遠遠不止如此。我們應該都體驗過食物與飲品擁有引起情緒波動的力量，它可以讓我們微笑，可以讓我們皺著眉別過頭去，也能讓我們驚訝，或是喚醒帶有情緒的記憶。

例如，各位是否曾經聞到某個氣味之後，腦中突然浮現某個時刻或地點的記憶？也許你根本說不出來這是什麼香氣，但腦中閃現的景象是如此鮮活：康尼島度過的一天、童年的洗澡時光、老家後的森林。此現象並非偶然。因為香氣與記憶之間的連結尤其緊密，而且與我們先前討論過的大腦解剖構造有關。還記得嗎？最先處理氣味的是屬於前腦一部分的嗅球。接下來，嗅覺系統是唯一將訊息直接傳遞至前腦的感官系統。接下來，資訊會迅速傳遞至大

腦邊緣系統，尤其是杏仁核（amygdala）與海馬迴（hippocampus），這兩個區塊負責記憶與情緒。[51] 科學家認為，這條更直接連結的神經通道使得氣味與記憶的交織更為緊密。[52]

通常，嗅覺會率先牽起情緒，隨後記憶浮現（有時，也不會帶起記憶，而僅僅是情緒）。這些記憶往往十分具體。例如，我在為本書研究「咖啡鼻聞香瓶」時，其中一個氣味讓我感到異常熟悉——它讓我想起中學時期的馬術課，以及我與朋友爬上乾草堆並俯瞰馬場的畫面。我已經好多年沒有想起這段記憶了，而那個氣味就是稻草。[53]

我們將在第四章討論，在探索味蕾的過程中，記憶與情緒會扮演關鍵角色。我們會試著創造氣味與風味經驗（記憶），讓日後更容易記起它們。個人記憶也能在辨識咖啡感官時，提供有用線索。

咖啡風味的影響因素

咖啡風味的味道、香氣與口感化合物，仍有許多等待研究的領域。有些人認為，咖啡風味也許涉及超過千種化合物。我們目前所討論到的，僅僅是咖啡豆複雜組成的一小部分。

雖然咖啡感官特性的研究至今已經超過一百年，也辨認出許許多多（雖然並非全部）化合物，不過，關於咖啡內特定化合物與感官特性對應的整體研究，卻較為缺乏。除此之外，目前多數研究都聚焦於某一特定類型的咖啡，例如特定品種、後製處理方式或產地等等。因此，尚沒有整體概括介紹，或是化合物與相應風味特質清單可供各位參考。[54] 而且，即使真的有，想想我們方才討論過的多重感官整合（及各感官特質組合所呈現的風味，會遠超越各感

官特質的單純總合），反而正是風味的核心。關於咖啡化合物如何相互組合，並創造出一杯咖啡的複雜風味，我們依舊所知甚少。[55]

即便如此，我們已經知道咖啡的風味化合物會受到各式因素影響，包括基因、產地與後製處理、烘焙、沖煮與飲用。接下來，讓我們以宏觀的方式探討影響咖啡風味的因素。

基因

特定品種咖啡的化學成分決定了其感官特性。咖啡豆的具體化學組成首先取決於物種。咖啡兩種最常見的主要物種為阿拉比卡（*C. arabica*）與羅布斯塔（*C. canephora*）。例如，阿拉比卡咖啡生豆（主要用於精品咖啡）的典型化學成分如下：

- 多醣類（Polysaccharides）：50.0～55.0%
- 脂質（Lipids）：12.0～18.0%
- 蛋白質（Proteins）：11.0～13.0%
- 寡醣（Oligosaccharides）：6.8～8.0%
- 綠原酸（Chlorogenic acids）：5.5～8.0%
- 礦物質（Minerals）：3.0～4.2%
- 脂肪酸（Aliphatic acids）：1.5～2.0%
- 葫蘆巴鹼（Trigonelline）：1.0～1.2%
- 咖啡因（Caffeine）：0.9～1.2%[56]

另一種常見咖啡物種，羅布斯塔咖啡，則擁有不同的化學成分。長久以來，許多精品咖啡專業人士（至少是西方）對於羅布斯塔咖啡的評價總是較低，認為其風味比較粗澀，並帶有苦味、烤焦味與橡膠等不討喜的特徵。*以化學角度而言，羅布斯塔咖啡含有較高的咖啡因（因此讓苦味較高）、脂質較少，以及更多綠原酸（也會增加咖啡苦味，以及澀感）。

再者，不同品種的咖啡擁有不一樣的基因組成。精品咖啡領域中，約有數十個阿拉比卡品種，與此同時，尚有更多新雜交品種開發中。各位可能已有在咖啡袋上見過一些品種名稱，例如波旁（bourbon）、帝比卡（typica）、卡杜拉（caturra）、K7、馬拉戈吉佩（maragogipe）、SL32 等等。各位可以將這些品種的化學組成視為原始材料——也就是最終與我們感官系統反應的味道分子及氣味分子等等。原始材料的潛力如何會受到許多因素影響，包括如何種植、後製處理、烘焙與沖煮。但是，基因是一切的起點。如果高品質（就是風味！）的潛力未寫入基因，那麼後續階段如何努力都難以補救。不過，任何或所有後續階段都有可能摧毀品質（也就是風味！）。[57] 每個階段也都有機會發揮最佳品質。由於影響咖啡風味的因素相當多，所以只是簡單做出品種與咖啡風味的大致連結，也並非易事。但是，我們也將在下一章分享一些公認的品種代表風味。

---

* 不過，此觀點正在轉變。如今，精品咖啡界也出現一股羅布斯塔興起運動，他們認為若是羅布斯塔也能以同等高標準的方式種植與後製處理，一樣可以展現傑出的品質（但現實情況往往並非如此）。

產地與後製處理

咖啡在何處與如何成長、採收及後製處理,都能幫助咖啡生豆到達最高的感官潛力——或是相反。一切始於咖啡樹的生長;當咖啡果實(即包裹著咖啡豆的果實)逐漸熟成之時,便是風味複雜性逐步發展之際。[58] 研究指出,相較於未成熟果實,成熟果實的酚類化合物含量較低(代表澀感較低),而揮發性物質濃度較高(代表香氣較豐富);因此,咖啡必須在最佳成熟之際採收。

另外,環境與農業因素(包括地理條件、氣候、海拔高度、氣溫、遮蔭程度、施肥方式等等),也會對咖啡風味潛力產生影響。以此角度而言,咖啡就如同其他農作用。想想葡萄酒產業,環境的風土條件對於風味的影響已經如同常識。種種因素的研究已高度成熟,專業品酒師甚至能僅依靠嗅覺與味覺判斷葡萄的產區。咖啡在這方面則還有很長的路要走。

咖啡生豆的後製處理(也就是如何除去果肉,以及如何乾燥咖啡豆),對於風味的影響極大。一方面,如果處理過程出錯,就可能導致杯中出現異味或瑕疵位;另一方面,後製處理方式的選擇本身也會為咖啡帶來獨特的風味特徵。咖啡生豆後製處理方式主要可分為兩大類,各自以不同的方式影響咖啡風味。

以非常概略的說法而言,水洗處理法(wet processing / washed process)代表咖啡生豆在進行乾燥之前,就會先將果肉從種子除去。首先,先以機械將果皮與果肉剝除,接著咖啡豆通常會經過發酵過程,再以水將剩下的果肉洗淨,最後乾燥咖啡生豆。日曬處理法(dry processing / natural process)則是咖啡生豆會與完整果實一起乾燥之後,再行去除。另外還有介於兩者之間的處理方式,也就是咖啡生豆在乾燥的過程仍留有一部分的果肉,稱為蜜處理法(honey process)。

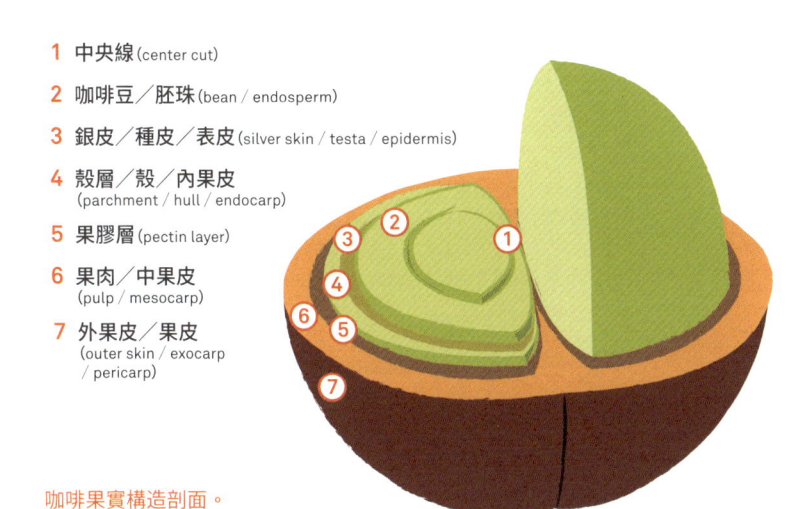

1 中央線 (center cut)
2 咖啡豆／胚珠 (bean / endosperm)
3 銀皮／種皮／表皮 (silver skin / testa / epidermis)
4 殼層／殼／內果皮 (parchment / hull / endocarp)
5 果膠層 (pectin layer)
6 果肉／中果皮 (pulp / mesocarp)
7 外果皮／果皮 (outer skin / exocarp / pericarp)

咖啡果實構造剖面。

選用何種後製處理方式往往取決於咖啡園位於何處。例如，水資源較缺乏的地區通常會採用日曬處理法。同樣地，在濕度較高的地區，日曬處理法反而頗具挑戰，因為潮濕的空氣會延長乾燥時間，甚至導致咖啡豆變質。

除去果膠層的方式會影響風味。若是咖啡豆的後製處理過程經歷了發酵階段，分解部分咖啡果實的酵素與酵母菌也許就會產生額外的風味化合物[59]（但如果發酵過程控制不當，則可能產生不良的化學氣味與瑕疵味）。目前，部分咖啡豆生產者正嘗試在發酵階段，採用不同種類的酵母菌株與乳酸菌促進更討喜的風味發展，但這方面尚未有更深入的科學研究。[60]

日曬處理法的咖啡豆會帶著果實一同乾燥，一般認為，乾燥過程之中，果肉與咖啡豆會發生化學反應，經過悉心照顧的日曬咖啡豆也就是因此而呈現鮮明果香風味。[61] 有時，日曬咖啡豆的風味會被批評為「單調」，也許是因為多數日曬咖啡豆往往帶有相似的果香調性（通常是果乾風味，請見第108頁）。但是，另一方面，從未嘗過日曬咖啡豆的人，常常能感到十分驚艷，甚至覺得風味大膽。許多咖啡專業人士都是在喝了人生第一杯日曬豆咖啡之後，才開始對咖啡萌生濃厚興趣（通常是喝起來就像是藍莓的衣索比亞日曬咖啡豆）。

水洗處理法則是更能凸顯咖啡豆自身，因此常被形容為「乾淨」。[62] 研究顯示，水洗咖啡豆往往酸質更高、輕盈，並帶有更為明顯的香氣。[63] 日曬咖啡豆常具備獨有特色，通常更甜美、滑順且厚重。雖然科學尚無法完整解釋兩者差異的原因，但我敢打賭各位的舌頭早已能清以分辨日曬與水洗咖啡的不同。

烘焙

咖啡的烘焙方式能決定咖啡豆能否發揮最佳感官潛力，或是被削弱。在烘焙過程，咖啡豆內會發生許多化學反應，使得風味化合物產生改變或轉化。而且，感謝老天有此過程。如果我們直接把咖啡生豆磨碎，然後直接拿去沖煮，就會得到一杯充滿青草味的澀口飲品。透過烘焙，能將種種化合物轉化為美味的風味，又能讓咖啡豆變得更容易溶解，進而讓沖煮水能從中萃取風味化合物。[64] 其實，咖啡生豆含有大約兩百種揮發性化合物，烘焙之後，揮發性化合物能提升至超過一千種。[65]

例如，葫蘆巴鹼與咖啡因能完好地經歷烘焙過程而不受影響，反觀糖、氨基酸、多醣類與綠原酸則會顯著減少，而脂質與有機酸會微幅增加。[66] 許多化

合物會在烘焙的熱反應過程出現轉變，其中便包括了梅納反應——蔬菜與肉類的烹調過程也有梅納反應，並因此賦予料理帶有迷人的燒烤香。大多數梅納反應產生的分子，正如一篇科學論文所述，「不確定的化學組成結構」。[67] 以目前所知，這些反應將產生大量二氧化碳，以及一系列共同形成具咖啡特徵之香氣（也就是風味）的揮發性化合物，還賦予了咖啡豆的棕色外觀。[68]

烘焙曲線的時間與溫度會影響一杯咖啡的風味表現。但請記得，烘焙無法神奇地讓咖啡豆憑空擁有原本不具備的特質。即使是最傑出的烘豆師，也無法僅僅依靠烘焙，就讓低品質的咖啡豆搖身一變成為高品質。然而，烘焙師的確有可能親手摧毀咖啡豆的風味潛力。

一般而言，咖啡豆以低溫進行短時間烘焙（通常稱為「淺焙」或「中焙」），能凸顯咖啡豆本身的天然風味特徵。這類咖啡擁有複雜的香氣與風味（代表我們能同時聞到與嘗到許多風味）。風味的範圍能涵蓋果香、花香、堅果與巧克力等。另一方面，咖啡豆以高溫進行長時間烘焙（常稱為「深焙」），則傾向凸顯來自烘焙過程的極端風味，或是焦苦／刺鼻、灰燼／煤灰、酸味、刺激、咖啡與燒烤等特徵。[69] 這些烘焙特徵往往會掩蓋咖啡豆本身的風味。

如果各位想要鍛鍊味蕾，並探索咖啡千變萬化的風味，那麼僅僅品飲深焙咖啡是無法辦到的。採行「傳統」烘豆風格的公司往往傾向深焙。那間幾乎大家都認識的知名連鎖咖啡店也是這樣嗎？如果與其他以能保留咖啡豆本身特色的現代烘焙技術相比，它的「黃金烘焙」應該比較接近「深褐烘焙」。當然，各位喜歡哪種類型的咖啡取決於個人偏好。但如果你也想要嘗遍所有咖啡風味，當然也必須好好探索咖啡烘焙曲線光譜的各個角落。

不同國家常有不同的咖啡風味偏好。大致而言，法國與義大利往往會生產傳統烘焙咖啡。而已經開始發展現代烘焙技術的咖啡文化，包括美國、英國、澳洲、日本與許多斯堪地那維亞的國家──但這僅是冰山一角。

沖煮與飲用

咖啡豆如何研磨、萃取與品飲，都會對一杯咖啡的最終風味產生巨大影響，即使整個過程僅需數分鐘。目前為止，本書已有略微提到這方面，現在，就讓我在此總結幾個重點。

首先，我們稍微回顧討論一下沖煮咖啡過程中實際的動作：我們會讓水與烘焙後的咖啡粉混合，讓咖啡粉（固體）的風味化合物進入水（液體）中。這個過程就是萃取。萃取可分為三個階段。第一階段，咖啡粉吸收水；此階段相當重要，因為均勻濕潤的咖啡粉層更能均勻萃取。許多咖啡沖煮方式都會先浸潤咖啡粉層，讓咖啡粉充分吸收水分。此時會釋放出氣體，某些咖啡沖煮方式（如手沖），咖啡粉層會因此冒出泡泡。此過程也稱為悶蒸（bloom，或泡發）。某些義式濃縮咖啡機就有預浸潤（pre-infusion）的功能，作用便類似悶蒸。第二階段，可溶解風味化合物由咖啡粉移動至水中（水扮演溶劑的角色，將可溶化合物溶於水中，[70] 而不可溶化合物則成為水中的懸浮物）。第三階段，分離水與咖啡粉。最後完成的這杯咖啡包含了水與溶於其中的可溶化合物、油（不可溶物質），以及咖啡細粉（不可溶物質），三個階段共同形成了最終咖啡的風味特質。

回想一下，第一章我們介紹了不同揮發性香氣化合物（對風味表現影響極為重要），會在咖啡品飲體驗的不同階段釋放。同樣地，咖啡豆的化合物在水

與熱能的作用之下，也會以不同的方式與速率被萃取與發生化學反應。某些化合物比較容易溶解，因此會率先被萃取出；某些化合物則較難溶解，溶解的速率也因此較慢。一杯咖啡的感官特質就是受到以下三大因素影響：（一）萃取出的化合物類型，（二）將化合物轉化成不同化合物的化學反應，（三）一杯咖啡中，每種化合物的含量。

值得注意的是，科學尚未確切解釋此過程的所有細節，許多普遍接受的觀察結果都尚未完全得到科學驗證。不過，萃取率似乎與主要感官特質相關。

萃取率（percent extraction，PE）或萃取量（extraction yield，EY），為萃取程度的科學測量值。計算方式為最初的咖啡粉量（dose）的質量，與最終進入咖啡液的可溶物質質量，兩者之間的比例。研究顯示，一般而言，萃取率為 18～22% 的咖啡通常十分怡人。以感官體驗的視角而言，當萃取率低於 18%（低萃取或萃取不足），咖啡嘗起來可能較酸與甜；而萃取率超過 22%（高萃取或過度萃取），可能會較苦且澀。[71]

不過，這些客觀數值並不一定能準確反映或預測賦予一杯咖啡個性的各式感官特質，我們將在第四章進一步探討這些特質。再者，萃取率相同的兩杯咖啡，嘗起來的風味也可能天差地遠。回想一下，感官特質的測量僅能透過人類感官評估，代表測量工具為人類感官。當然，評估的目標就是尋找怡人且平衡的感官特質──專業咖啡人士通常稱之為「萃取良好」或「均勻萃取」。

如果各位讀過我的第一本書，就會知道其實有許多方法可以調整萃取狀態，並找到自己最喜歡的平衡點。影響化合物如何與何時萃取的主要因素有六個，其中前三個相互關聯。最重要的是，改變任何一個因素，都會影響最終咖啡的化學組成，進而改變感官特質。[72]

- **溫度**：熱水會以主要兩個方向對萃取產生影響：加速化學反應，以及提升部分化合物的溶解度。一般認為，最佳沖煮水溫為 90 〜 96°C（195 〜 205°F）。不過，冷萃咖啡最近也愈來愈流行。冷萃需要更長的時間才能完成萃取（從數分鐘變成數小時），而且萃取出的化合物也不同。同一支咖啡豆以熱水沖煮與冷萃出的兩杯咖啡，將有不同的化學組成，因此也會有不同的感官特質表現。另外，一般認為沖煮水溫過高時，將萃取出過多苦味與澀感化合物，降低品質。[73] 沖煮水溫過低時，則往往造成萃取不足（如果熱水與咖啡粉的接觸時間不夠長）。

- **粒徑大小**：當咖啡豆的表面積增加時，水就更容易萃取出可溶物質。所以，完整咖啡豆幾乎無法進行萃取，必須以研磨增加表面積。換句話說，研磨刻度愈小（粒徑愈小），水就愈容易進行萃取。大致而言，研磨刻度極細時，沖煮時間必須較短，反之亦然。咖啡專業人士尤其強調粒徑大小均勻的重要性。即使是最頂級的磨豆機，粒徑尺寸也是落於一定的範圍，而非完全皆一致。每一種粒徑尺寸的咖啡粉顆粒都有屬於各自的最佳沖煮時間。一般認為，粒徑尺寸範圍愈小，就能沖煮出品質愈高的咖啡。當粒徑尺寸過粗，可能導致萃取不足；粒徑尺寸過細，則可能造成過度萃取。

- **沖煮時間**：指的就是咖啡粉與水的接觸時間。如前所述，接觸時間與水溫及粒徑大小之間的關係密不可分。以我個人經驗而言，一般認為部分化合物會在沖煮之初被萃取出，部分則較晚才被萃取出。我的第一本書便介紹了一項能證實此點的練習。基本概念是酸味與甜味化合

物會率先萃取出,而過苦與過澀的化合物則較晚萃取出。在某些沖煮方式,沖煮時間較短的咖啡萃取率較低,這類咖啡通常偏酸且甜;相反地,沖煮時間較長的咖啡萃取率會較高,往往嘗起來偏苦且澀。兩種咖啡都表現出特定基本味道的失衡。但是,根據精品咖啡協會,研究顯示「目前僅十分基本的證據顯示,某些化合物類型的萃取狀態與時間有穩定相關性。」[74] 換句話說,實際的化學反應過程想必比單純的沖煮時間影響更為複雜。

- **水質**:眾所皆知,若是水中帶有異味,就會沖煮出帶有異味的咖啡。不過,水的化學成分也會影響萃取。水中的化合物(尤其是鈣、鎂、鉀)不僅會影響萃取,也是沖煮咖啡的必要存在。各位可能已經知道,無礦物質的蒸餾水難以有效萃取,並沖煮出一杯糟糕的咖啡。同樣地,礦物質含量過高的硬水也可能沖煮出一杯不盡理想的咖啡。咖啡沖煮水化學方面的先驅研究者之一克里斯多福・亨頓(Christopher Hendon)與咖啡師麥斯威爾・科隆納－戴許伍德(Maxwell Colonna-Dashwood)合著的《咖啡的水》(*Water for Coffee*)一書,便深入探討了水的化學成分如何影響咖啡風味。

- **水粉比**:也就是乾燥咖啡粉質量與沖煮水量的比值。我們都知道這個比值會強烈影響咖啡的強度(strength)——或濃度。濃郁強烈的咖啡含有濃度較高的咖啡物質,而較淡的咖啡則濃度較低。如同我們在第三章提到的,咖啡的強度與醇厚度有關。強烈的咖啡通常醇厚度較厚,較淡的咖啡則醇厚度較輕。

- **萃取壓力**:此時的壓力指的是推送水穿過咖啡粉層的驅動力。壓力愈

大,萃取愈強,所需沖煮時間也愈短。壓力也可能改變咖啡的物理特性。例如,製作義式濃縮咖啡的高壓會使咖啡油脂乳化,形成那層漂浮在咖啡液面的獨特克利瑪。

如前所述,採用何種沖煮方式將對風味與口感產生極大影響。絕大多數的沖煮方式都可歸類於以下三種:煎煮式(decoction)、浸泡式(infusion)與加壓式(pressure)。

- **煎煮式**:此沖煮法讓咖啡粉與水在一定時間內持續接觸,通常為高水溫。相較於其他沖煮方式,煎煮式往往萃取較快,但如果以滾水直接接觸咖啡粉,或沖煮時間拉長,可能導致萃取出不討喜的風味且流失香氣物質,進而降低風味。同時,沖煮時間愈長,強度將愈高。[75] 煎煮式包括滾煮咖啡(boiled coffee)、土耳其咖啡(ibrik/cezve)、滲濾式咖啡(percolator coffee)與虹吸式咖啡(vacuum coffee)。

- **浸泡式**:此沖煮法讓熱水或冷水流經咖啡粉層,縮短水粉接觸時間,新鮮水會在不同時間注入咖啡粉層,接著再行過濾。有趣小知識:「infusion」一詞來自拉丁文的動詞「infundo」,意思為「倒入」。所以,此沖煮法最常見的名稱就是**手沖**。一般而言,相較於煎煮式,浸泡式沖煮出的咖啡風味較溫和,且酸度與風味更高。[76] 浸泡式包括滴濾咖啡(drip/filter coffee,包括手沖與自動滴濾咖啡機)。

- **加壓式**:此沖煮式將水透過壓力與熱能,流經壓實的咖啡粉層(通常稱為咖啡餅)。最常見的加壓式沖煮就是義式濃縮咖啡,但利用活

塞沖煮咖啡也算是加壓式，例如法式濾壓（French press）、愛樂壓（AeroPress）與摩卡壺（moka pots）。相較於其他沖煮方式，加壓式咖啡通常醇厚度較高。再者，如前所述，義式濃縮咖啡機的高壓能讓咖啡極為濃郁、醇厚度如糖漿且液面浮著一層克利瑪。這是一種濃郁的咖啡，帶有強烈的香氣與風味。事實上，由於高壓能放大咖啡的感官特質，咖啡豆本身的瑕疵也將無所遁形，這也是一杯完美萃取的義式濃縮咖啡極難達成的原因之一。義式濃縮咖啡機的加壓機械也似乎能萃取出不同化合物，因為同一支咖啡豆以義式濃縮咖啡機與滴濾法沖煮後，兩杯咖啡的感官特質可謂截然不同。另外，義式濃縮咖啡必須立即享用，這也是原文名稱「espresso」的由來（義大利文之意為「點單現煮」或「即席且非預先」）。而且，義式濃縮咖啡放了一會兒或沒有即刻品飲，化合物將迅速開始轉變，最明顯的就是克利瑪分解且酸度提升。[77]

不同沖煮方式會使咖啡形成不同的感官特質表現——同一支咖啡豆以不同設備沖煮，也會形成不同的感官特質。[78] 這部分十分合理，因為每種沖煮方式都會產生列於第 88 頁的六種因為的相異組合。不過，除此之外，還有其他影響因素。如前所述，採用的濾紙類型不同，也會對咖啡風味產生不小的影響，例如濾紙會濾除大部分不可溶化合物，例如細粉與油脂；金屬濾網（無濾網）則會讓細粉與油脂順利流入咖啡杯中。咖啡的醇厚度將因此產生很大的影響，這些不可溶物質也同時帶有其他感官特質。不同沖煮方式的詳細解說可以參考《關於咖啡：近期發展》（*Coffee: Recent Developments*）一書的「技術四：飲品製作：千禧年後的沖煮法趨勢」章節。

如何體驗咖啡

我們曾經提到，品飲一杯咖啡是一場多重感官的體驗，現在，有幾項重點我想特別強調。首先，沒有任何一種單一風味可以稱為「咖啡」。沒錯，各位如果蒙著眼啜飲一口咖啡，的確不太可能誤認為其他飲品，但咖啡其實包含了數百種味道與香氣分子——許多甚至尚未被科學界辨識——共同構成了一種複雜且層次豐富的體驗。尤其是現代後製處理與烘焙技術趨勢，為專注於保存咖啡豆本身風味特質，各位面前的那杯咖啡，尚蘊藏著無數等待發掘的風味。

話雖如此——接下來就是我想強調的第二點——當各位開始有意識地品飲咖啡時，可能會發現自己只能以「美味」或「不好喝」的方式形容。也許你無法確切嘗出各個風味關鍵字。但完全不會是問題。我所稱的味蕾——感官受器至大腦的連結——如同任何一種技能，都需要訓練培養。

最後，我們每一個人的咖啡體驗都不盡相同。你與朋友共享一杯咖啡時，也很有可能一人喜愛，另一人完全不喜歡。這也完全沒有問題。咖啡風味之所以迷人的原因之一，就是影響我們感受咖啡風味的因素眾多。現在，讓我們回過頭看看所有能影響一個人咖啡感官體驗的因素。

- **咖啡的化學與物理特性（產品）：** 這是可以進行測量與分析的咖啡成分，例如咖啡豆的味道與香氣分子，以及產生化學感知、溫度、質地與顏色的化合物。這些特性的源頭為咖啡品種的基因，進而表現出特定的感官特質。這些特質則會受到咖啡的種植、後製處理、烘焙與沖煮方式的影響。

- **飲用咖啡的方式（行為）**：人們飲用咖啡的方式不同，並因此影響個人對如何感受咖啡的感官特質。其中包括咖啡入口的量、呼吸方式、口中咖啡液體的移動方式與吞嚥方式等等。

- **神經與生理構造（大腦／身體）**：某種程度而言，我們的基因決定了感官受器的生理特徵、受器如何向大腦傳遞資訊，以及大腦如何解讀這些資訊。例如，有些人感受到的苦味與甜味會更為強烈；有些人則可能無法感受到特定香氣（稱為嗅覺缺失〔anosmia〕）。追根究底，這個複雜的感官傳遞與認知系統取決於兩個因素：神經系統如何運作，以及身體部位的功能（也稱為生理機能）。

- **心理與社會背景（生活經驗）**：各位的過往經驗、文化、情緒等等，都會影響咖啡的品飲體驗。某些香氣也許能勾起回憶，進而影響對於風味的感受。我們對於某種風味的熟悉程度，也會影響能否順利辨識出來。研究顯示，我們能習慣某些味道（例如苦味），也同樣可以透過練習提升偵測與辨認出味道與香氣的能力。[79]

總而言之，不同的兩個人能對同一杯咖啡產生不同的感受。既然如此，我們又怎能理解他人的咖啡感官體驗？甚至找到彼此交流風味的方式？各位將在下一章，尋得解答。

CHAPTER 4
第四章

鍛鍊你的咖啡舌

語言與味蕾發展

現在，各位對於大腦如何創造風味、目前科學對於風味的理**解**，以及可知範圍內的咖啡風味來源已經有了基本認識，讓我們來到有趣的部分：味蕾開發！如同我在本書一直提到的，任何人都能鍛鍊自己的味蕾，也就是提升偵測與辨認食物與飲品的感官特質。第一步就是單純在飲食時更專注：放慢速度，留意當下飲食的感受。咖啡聞起來如何？能辨認出其中包含任何基本味道嗎？其風味有讓你聯想到什麼嗎？咖啡在口中的感受如何？風味與香氣在飲用過程有何變化？

這些聽起來似乎都不是太困難，但如果你無法準確描述體驗，也就無法清楚地表達辨認出的風味。這恰恰正是關鍵。開發味蕾所需的是：感官體驗及能描述體驗的詞彙。

我們將在本章探索語言在開發味蕾方面所扮演的角色——以及為何我會認為語言是消費者尋找一杯想要的咖啡時，所面臨的最大阻礙。首先，我們會看看精品咖啡產業為了解決專業咖啡師與科學家溝通問題而開發的工具，接著將利用這些工具幫助我們在家中或咖啡店辨識咖啡感官特質所需的累積經驗與字彙。

與其細細探究所有已辨識出的咖啡感官特質，我以六大風味類型幫助各位掌握咖啡的基本風味屬性。每一種屬性都會附上一項練習，讓各位透過味覺與／或嗅覺建立感官記憶，實際品飲咖啡時就能回想這些記憶。再加上各位已經探索一番的基本味道（苦、酸、甜、鹹、鮮）與其他屬性（澀感、油感），到了闔上本書之時，各位就已經在大腦牢牢存下了數十種感官經驗。

語言：一種不完美的媒介

我是一名作家兼書籍編輯，所以我的整段職業生涯都建立在一個原則之上：語言是一種不完美的媒介。我的每一天都會被提醒，我們人類無法使用讀心術。我們腦中不論出現何種想法，都無法直接發射至他人的腦中。我們必須以語言（符號、標記與／或聲音）**再現**想法，而聽者則必須**解讀**語言。換句話說，一個純粹的想法，在某種意義上，必須以不完美的方式經過兩次轉譯。有太多空間可以容納誤解了。首先，語言是一套有限的符號、標記與聲音，我們以此傳達無限的感覺與想法——我想各位一定曾經怎麼也找不到一個詞或一句話，好好描述出想要表達的意思。再者，語言充斥了許多灰色地帶、隱晦意義與細微差異，根據不同的脈絡與人生經歷，百樣人可能有百樣種解讀方式。

我職業生涯關於寫作的那一面，其實頗令人感到興奮。語言如同黏土，能讓我們捏扁搓圓成想要的形狀。語言可以帶有魔力——有時，語言也不僅能解讀成我們想要的形狀，也能以其他獨特且又同時正確的方式被解讀。讀者或聽者有時能在我們的語言中，讀到並非有意傳達的意思，卻能深深引起我們的共鳴，甚至比說出來的句子更真實。正是語言的不完美，造就了其神奇的魔力。

而在我編輯的那一面，則見識到語言是如此容易被誤解——尤其是當能夠傳達的僅僅是書寫符號，而少了語氣、臉部表情、肢體語言與碰觸等協助。書頁上一個字詞或標點符號的變動，就可能改變一整句話的意思，或增加讀者的困惑。我的工作往往是「優化」語言，但這沒有唯一的正確做法，因為必

須取決於作者與目標讀者的不同。而且，終有一天一定會遇到那堵堅實不移的現實高牆——語言終究不完美。

比以上所描繪的困境來得更為真實鮮明的，就是我們試著以文字描述感官特質，我在本書也數次提到此點。不論在任何情況之下，想要描述複雜的感覺或感官體驗本來就是困難的事。當人們對於相同物質產生的生理感受有根本上的不同時，此事更是變得難上加難，而我們的味覺便是如此。若是我們沒有共通的描述字彙，或對相同字彙沒有相同經驗，挑戰難度又將再度加劇。

我覺得，這正是我們這些咖啡愛好者走進咖啡店，並試著理解那些風味語言時，所面臨最主要的障礙之一。而且咖啡店裡滿滿都是這類字詞。我們到底該如何理解什麼是「烤棉花糖」的風味？我們把咖啡喝進口中時，嘗到的到底應該是什麼？而且沒有任何一本類似字典的東西（或咖啡專業人士）可能可以幫助我們——還是，其實有？（真的有。）

世界咖啡研究中心出版的《咖啡感官辭典》是由感官科學家與精品咖啡協會共同開發出的一套標準化語言與參考物列表，專門用來描述咖啡常見感官特質。據我所知，研究咖啡的科學家已經廣泛使用這套辭典，而精品咖啡協會針對咖啡農人、品鑑師、銷售商、烘豆師與其他許多專業人士的課程與研究，則是將此辭典視為「產業用語」。另外，我在撰寫本書過程當作權威基石參考的精品咖啡協會《咖啡感官與杯測手冊》，則是強調了這套辭典的使用對於咖啡產業有多麼重要——並同時在科學家與咖啡專業人士之間不斷推廣使用這套語言。沒錯，這也正是這套辭典的最主要目的。

能夠直接與風味體驗緊密連結的標準化語言（詞彙），對於科學研究與客觀評價的確極為重要──不過，我認為消費者與咖啡產業之間，任何方式的有效溝通也同等重要。然而，直至撰寫至此之際，直接面對消費者的咖啡專業人士（咖啡師）仍然不常使用這套辭典，也尚未完全融入我們日常生活中的咖啡店或其他咖啡豆零售店。這也是為何本章的所有內容都根植於這套辭典，並使用這套語言。[1] 我們也試著將其融入我們的日用用語吧。我希望我們消費者與咖啡產業都能向彼此各邁進一步，讓溝通變得更有效。

咖啡產業工具：世界咖啡研究中心的《咖啡感官辭典》與「咖啡風味輪」

世界咖啡研究中心在 2016 年首度推出《咖啡感官辭典》，在此之前，以來自十三個國家的 105 支咖啡豆，進行超過一百小時的品飲評估。目前，這套辭典包含已由科學家在咖啡中辨識出的 110 種感官屬性。[2] **屬性**（attribute）一詞所指的是能在咖啡感受到的感官特質──基本味道、乾香、濕香或口感。這些屬性都是可描述、可量化且可複製。屬性必須**可描述**，是因為這套辭典所列皆為中性描述，並不會判定任何一項屬性是「好」或「壞」；僅陳述感官表現。**可量化**，則是因為每種屬性都有分為 15 級的強度分數──嘗起來非常像此屬性或只是些微相似？經過訓練之後就能知道分數「4」代表的意思，進而能以某種程度的準確度，比較咖啡內不同屬性的表現；例如，「這杯咖啡的覆盆子風味比那杯強」。最後，每一種屬性的會對應至一個實際存在的**感官參考物**，也就是能實際嗅聞或品嘗的特定物質屬性代表。感官參考物能

讓世界各地的品飲者共享相同的感官體驗，同時以相同的字詞稱呼——讓屬性變得**可複製**。感官參考物相當重要，因為如我提過的，文字有其局限。就像是精品咖啡協會所言，「溝通風味體驗的唯一方式，就是透過共享感官體驗。」[3]

讓我們來看看這套辭典的屬性詞條會如何呈現，因為本章接下來我將多次提到這些屬性。以下就是藍莓屬性的詞條。

藍莓
果色略深之果香、帶甜、微酸、具黴味、塵土味與花香等調性，讓人聯想到藍莓。

參考物	強度	製備方式
Oregon Fruit Products品牌，OREGON小藍莓（罐頭）	香氣: 6.5 風味: 6.0	從罐頭舀出1茶匙的藍莓糖漿，倒入中型聞香杯，蓋上蓋子。 將藍莓糖漿倒入1盎司杯，蓋上塑膠杯蓋。

資料來源：世界咖啡研究中心《咖啡感官辭典》，2017年。

如上，各位可以看到每個屬性詞條都具有名稱（藍莓）與描述（「果色略深之果香、帶甜、微酸、具黴味、塵土味與花香等調性，讓人聯想到藍莓」）。再加上感官參考物（Oregon Fruit Products品牌，OREGON小藍莓）與製備方式。詞條也包含了強度分數（香氣：6.5、風味：6.0），但本書不會深入探討此分數。使用這套辭典時，各位將依照製備方式準備參考物，接著實際品嘗（風味屬性）與嗅聞（香氣屬性）。由於這套辭典的設計目標之一，就是消除偏見，以及確保每位使用者的體驗盡可能一致，所以，承裝容器的尺寸與類型都有明確指示。一般而言，參考物製備完成之後會先蓋上蓋子，目的是防止香氣飄散而影響屬性的體驗。

辭典中的屬性也進一步整理至「咖啡風味輪」（請見第 170 頁），風味輪的設計目的就是讓這套辭典「對咖啡界而言，具有意義且易於理解與使用」。[4] 許多食物與飲品產業都會使用風味輪，因為它能以直觀易懂的方式，有效地整理與展示資訊。

咖啡產業曾經使用過其他版本的風味輪，但現今所使用的版本（由精品咖啡協會於 2016 年出版）是以《咖啡感官辭典》為基礎修訂。再加上更多的研究也協助科學家能以屬性之間的相關性進行分類，也進一步讓風味輪變得更容易使用。風味輪的圓心是範圍較廣的分類（烘焙香、辛香料、堅果／可可、甜味、花香、果香、酸味／發酵味、綠色／植蔬與其他）。以此向圓外延伸，屬性便愈漸精確，例如水果—莓果—藍莓。此外，風味輪也利用視覺顏色呈現相關風味屬性。例如，研究顯示紅色調往往會使我們聯想到特定水果類型。因此，風味輪的果香類便標示為紅色，而細項屬性則根據我們對於該水果的聯想，加上粉紅色調等不同色調（例如，藍莓屬性加上藍色調）。請先將此點放在心上，稍後會變得更為實用。

當然，對於本書篇幅而言 110 種屬性實在過於龐大——對於我們這些正要邁出品飲旅程第一部的人而言，也是有點負擔過重。因此，我們將專注於討論風味輪內圈的基本屬性，為想要進一步鍛鍊味蕾的人打下穩定基礎。接下來，我挑選了我個人經驗中最常見的數種屬性，這些屬性除了是咖啡的主要風味代表，也包括了一些我希望各位可以留意的屬性。各位的任務（很希望各位願意接下這任務），就是收集這些感官參考物、製備、品嘗，並建立能在伴隨自己探索咖啡世界的感官記憶。各位將隨之建立自己的感官體驗，並將其與風味詞彙對應，接著在品飲咖啡時尋得這些風味屬性。

除了咖啡主要風味屬性，我也增加了一些額外探索的挑戰與建議。例如，我可能會建議各位對某些風味屬性進行比較，或是品嘗時多增加一些屬性。最後，我也提供了一些背景資訊，讓各位能在現實世界實際品飲咖啡時能參考。記得，《咖啡感官辭典》本身是中立的，它僅僅是一個告訴我們「咖啡含有這些屬性」的工具，而非「這個屬性為瑕疵味」或「這個屬性很珍貴」。情況許可時，我也會寫上一些能幫助各位找到帶有該屬性的咖啡類型的指引，並包含這個屬性可能會標註的風味關鍵字。不過，切記：在咖啡的世界裡，不具有任何保證會出現的風味。探索風味屬性最佳方式，就是廣泛品飲、時常品飲。給自己遇到不同風味的機會，各位就一定能找到！

若是各位想要更深入研究風味屬性，推薦參考《咖啡感官辭典》，目前已在網路免費公開。[5] 那麼，我就不再囉唆，直接開始吧！

開發味蕾的最佳方式

本書所聚焦的風味屬性為已經被科學辨識的，但開發味蕾就是有意識且廣泛地品嘗各種食物與飲品。本章提供各位咖啡基本風味的輪廓，但並不代表不可以直接品嘗風味來源：各式各樣的水果、每一種類型的巧克力、不同種類的堅果等等。同時比較與對比相同類型的食物，有助於鍛鍊味蕾，也將為大腦建立穩固的資料庫。本章僅僅只是起點！

寬廣的咖啡香氣與風味屬性

在開始品嘗感官參考物,並將這些風味屬性牢記於心之前,請記得:大多時候,咖啡的風味屬性都相當**幽微**。以接下來練習的方式單一品嘗不同風味屬性,其風味強度一定遠遠超過在咖啡所能察覺的,不僅是因為咖啡中的風味屬性濃度較低,而且還混合了許許多多其他香氣、味道與口感屬性。另外,這套辭典將「香氣」與「風味」屬性區分開來:香氣屬性為透過鼻前嗅覺;而風味屬性則是源自口腔。有時,相同感官參考物同時適用於香氣與風味,但有時則僅能用於其中之一。接下來的練習,我會依照這套辭典的引導進行。

雖然世界咖啡研究中心已努力選用容易取得的食材製作屬性參考物(而且某些可能現在已經躺在你的廚房裡了),但想要搜集齊全所有練習的參考物依舊可能有些挑戰,所以,建議各位與朋友一起練習並共享參考物。多數情況中,各位可能會有剩餘食材,我也因此試著增加一些處理不熟悉食材的方法。

說到製備,我也同樣依循這套辭典的做法,雖然某些練習我有增加額外準備細節(畢竟,我身為食譜編輯!)。有時,我也會稍微調整辭典的步驟,或讓步驟更為精確,目的是讓各位在家中更容易執行。這套辭典的目標,就是提供統一一致的製作方式,以確保我們都能有相同的感官體驗,不過辭典的指示有時會過於模糊、不完整或在自家廚房難以執行。此時,我會利用我的判斷補充說明,當我的指示與辭典原始內容差異較大時,我會特別註明。

各位應該有發現,《咖啡感官辭典》建議使用聞香杯嗅聞香氣,並使用 1 盎司杯品嘗。如果各位手邊沒有聞香杯,也可以用小型紅酒杯代替;如果沒有 1 盎司杯,也可以換成尺寸相似的杯子,例如一口杯(shot glass,其容量通常是 1～1.5 盎司)。當各位同時品嘗多個感官參考物,請確保準備的杯子尺寸都一致。另外,辭典也建議各位為參考物蓋上蓋子,直到進行嗅聞與品嘗時。此做法能讓香氣保留於杯中。我發現杯墊、梅森罐的蓋子或圓形食物容器的蓋子(優格、茅屋起司等),也都很好用。

目前為止,我們已經練習過某些辭典收錄的屬性:苦味(第 29 頁)、酸味(第 33 頁)、甜味(第 37 頁)、鹹味(第 39 頁)、澀感(第 66 頁)與油感(第 69 頁)。前面四項在辭典歸類於「基本味道」,後兩項則屬於口感屬性,但各位也將看到,某些屬性可能會出現在其他分類中。

果香

> **水果**
> 描述：帶有甜味與花香，並混合各式成熟水果調性。
> 參考物：Juicy Juice 品牌的 100%奇異果—草莓果汁

當咖啡品飲者發現咖啡「嘗起來不僅僅是咖啡」時，最先辨認出的風味屬性就是果香。新鮮水果特性雖然細微，但在咖啡中很有辨識度，尤其是咖啡豆經過特別強調咖啡豆本身特性的烘焙法（而非烘焙特性）。畢竟，咖啡豆就是咖啡果實中的種子。

的確，最容易嘗到果香屬性的類型之一，就是日曬處理法或半水洗處理法（semiwashed，或蜜處理）的咖啡豆，也就是咖啡豆進行乾燥的過程中，分別保留完整或部分果肉。研究顯示，相較於其他不具備果香屬性的咖啡豆，日曬處理法的阿拉比卡咖啡含有濃度更高的果香氣味分子。[6] 但這不代表水洗處理法的咖啡豆沒有果香（真的可以有）。但如果各位想要體驗果香屬性，並輸入腦中記憶庫，也許可以先試試日曬處理法咖啡。

果香是所有水果風味屬性的總類。在《咖啡感官辭典》，果香類又可再細分為四個子類：莓果類、果乾類（請見第 108 頁）、其他水果類與柑橘類。四個子類又可再進一步細分為總共 18 個特定果香屬性。某些果香屬性（例如覆盆子與草莓）在少了練習的狀態之下，很難在品飲咖啡時分辨出來，但想要辨認出帶有果香特質則相對容易許多。在某些情況之下，我發現蘋果與柑橘類等特定果香屬性，帶有獨有鮮明的酸質，這方面將在第 118 頁詳細探討。

味蕾鍛鍊

果香

透過此練習，讓自己熟悉果香的香氣與風味屬性。

需要準備

- 1瓶Juicy Juice品牌的奇異果—草莓果汁
- 新鮮水
- 中型聞香杯或葡萄酒杯
- 1盎司杯或一口杯
- 杯蓋

香氣屬性： 在聞香杯倒入四分之一杯的奇異果—草莓果汁與四分之一杯的水，攪拌均勻，接著蓋上杯蓋。準備好時，就可以掀開杯蓋並嗅聞。香氣有讓你想到什麼嗎？盡可能詳細描述香氣，並／或把這個味道與某個記憶連結。

風味屬性： 在聞香杯中倒入奇異果—草莓果汁，直接蓋上杯蓋。準備好時，就可以掀開杯蓋並品飲。風味有讓你想到什麼嗎？盡可能詳細描述風味，並／或把這個味道與某個記憶連結。

有趣的現象之一，咖啡的水果風味與香氣往往會有點像是人工香料，嘗或聞起來比較接近糖果，而非真正的水果，部分咖啡熟豆含有的化合物，在實際對應的水果中找不到，但反而會出現在食品工業，用來調製人工糖果風味化合物。例如，乙酸糠酯（furfuryl acetate）其實在真正的香蕉中找不到，但可以用來創造類似香蕉的人工風味——而它也天然存在於咖啡中。因此，當咖啡出現果香化合物時，也許更類似人工合成香氣或風味——因為咖啡裡果香化合物的存在相對單獨。例如，乙酸異戊酯（isoamyl acetate）是真正香蕉風味特質的成分之一，同時也可以在咖啡熟豆中找到。但是在真正的香蕉中，乙酸異戊酯會與許多其他化合物一同出現，創造出我們熟悉的複雜香蕉風味。而咖啡並不含有真正香蕉的所有化合物，所以雖然香氣或風味能讓人聯想到香蕉，但無法完全重現真正香蕉的複雜風味。[7]

衣索比亞日曬咖啡：通往風味嘉年華的門票

我提過某些果香風味「難以分辨」，但有一個明顯的例外，那就是衣索比亞日曬咖啡特有的藍莓風味。有時，此風味強烈到許多咖啡同好甚至會稱之為「風味炸彈」。我在本書曾多次提到風味特質往往幽微。不過，在此情況中，藍莓風味的存在感強到，也許會覺得咖啡是否有添加人工香精。衣索比亞日曬咖啡通常十分令人驚艷——它讓我們體會到咖啡能令人多麼興奮！

如果各位想要練習辨認藍莓屬性——「果色略深之果香、帶甜、微酸、具黴味、塵土味與花香等調性，讓人聯想到藍莓。」——《咖啡感官辭典》推薦的參考物是Oregon Fruit Products品牌的藍莓罐頭。在中型聞香杯或葡萄酒杯倒入1茶匙藍莓糖漿，準備嗅聞；也在1盎司杯倒入一點，準備品嘗風味。

試著尋找果香風味咖啡，可以選擇淺焙至中焙的咖啡豆（尤其是日曬或半水洗〔蜜處理〕），包裝上可能會出現《咖啡感官辭典》所列的風味關鍵字，新鮮水果、果醬、莓果或水果製成的食品，例如水果硬糖、飲品與甜點等等。

果乾

描述：深色水果的香氣，香甜且微褐色，令人想到李子乾。
參考物：Sunsweet 品牌的 Amaz!n 果肉李子汁（Sunsweet Amaz!n prune juice）

雖然我建議各位無須擔心自己是否能分辨風味輪的所有 18 種果香屬性，但我還是覺得辨認果乾屬性，以及分辨新鮮水果與果乾屬性的差異，依舊值得練習。

想要從咖啡嘗到果乾屬性，推薦各位選擇日曬咖啡豆。記得，日曬處理咖啡是將採收後的咖啡豆連同果實一起乾燥，所以咖啡豆帶有果乾風味似乎是意料之內。如果各位有機會喝到咖啡果茶（cascara，將乾燥咖啡果實沖泡成類似茶的飲品），也許更容易理解果乾風味會是什麼樣的味道。喝過咖啡果茶的確有助於讓我辨識咖啡中的果乾屬性，即使兩種飲品的果乾屬性表現不盡相同。例如，《咖啡感官辭典》將李子乾（prune）與葡萄乾歸類於果乾屬性，但從咖啡中辨別李子乾與葡萄乾並非很容易，而僅是分辨出果乾屬性則完全可行。

想要尋找果乾風味，可以選擇淺焙至中焙的咖啡，並注意風味關鍵字是否包含《咖啡感官辭典》中的果乾、葡萄乾與李子乾屬性，或是其他類型的果乾，以及使用果乾製作的食品，例如無花果餅乾與什錦果仁等等。

味 蕾 鍛 鍊

果乾

透過此練習,讓自己熟悉果乾的香氣與風味屬性。

需要準備

- Sunsweet品牌的Amaz!n果肉李子汁
- 新鮮水
- 中型聞香杯或葡萄酒杯
- 杯蓋

香氣＋風味屬性： 在聞香杯倒入四分之一杯的李子汁與四分之一杯的水,攪拌均勻,接著蓋上杯蓋。準備好時,就可以掀開杯蓋嗅聞與品飲。香氣有讓你想到什麼嗎？風味呢？它們有多相似？又有多不同？盡可能詳細描述香氣與風味,並／或與某個記憶連結。

訣竅

- 如果各位不想買一整瓶的李子汁,而且剛好手邊有葡萄乾或李子乾,這兩者都能幫助各位大致理解果乾屬性。準備二分之一杯的切碎葡萄乾或李子乾,以四分之三杯水混合之後,放入微波安全容器。以高火力加熱2分鐘,濾出液體。將1茶匙的液體倒入聞香杯或葡萄酒杯嗅聞,並將剩下的液體倒入1盎司杯品飲。

- 各位也可以試試盲品版本（請見第148頁）,準備過程也相對容易。準備李子汁、自製葡萄乾液體與自製李子乾液體。品飲之前,請讓所有液體都恢復至室溫。你能分辨出三者香氣與風味的不同嗎？

117

酸味／酸質

檸檬酸
描述：溫和且乾淨的酸香，帶有些微柑橘調性與澀感。
參考物：檸檬酸

蘋果酸
描述：酸且尖銳，同時又帶有水果香氣與澀感。
參考物：蘋果酸

醋酸
描述：酸、澀且帶有些微刺激氣味，讓人聯想到醋。
參考物：醋酸

如前所提及，酸質是精品咖啡（工藝咖啡）的重要特徵之一。**酸質**與基本味道的酸味相關，如果各位有跟著做過之前的練習，手邊應該已經有 0.05％的檸檬酸溶液，也就是本書前半部提到的酸味屬性參考物。這也同樣是檸檬酸屬性的參考物。建議各位可將檸檬酸屬性，與《咖啡感官辭典》的另外兩個酸質屬性相互比較，也就是蘋果酸與醋酸。

還記得嗎？酸包含許多種類。其中許多帶有酸味，但也同樣帶有其他特質而呈現獨有個性。此處為各位介紹的三種酸——檸檬酸、蘋果酸與醋酸——都是我們日常生活常見的酸，而且與我們熟悉的食物關聯，分別是檸檬、蘋果

> 檸檬酸會出現在咖啡生豆,
> 烘焙過程並不會強化檸檬酸,而是緩慢裂解。

與白醋。透過比較與對比這三種酸,不僅能實際體會它們之間的細微差異(建議溶液的風味強度大致相同),也是從咖啡辨識出這些參考物的起點。

在我的經驗中,不同類型的酸在辨認咖啡中各種果香屬性的過程,發揮了關鍵作用。檸檬酸就在柑橘類果香屬性扮演重要角色;沒錯,檸檬屬性的參考物就是稀釋檸檬汁,如果無法取得食品等級的檸檬酸,也能從檸檬汁感覺到檸檬酸的基本概念。另外,「citric」一詞也會在描述葡萄柚、柳橙與萊姆屬性等柑橘類水果時出現。各位可以將這些柑橘類屬性視為檸檬酸與其他特質的結合。另外,檸檬酸常代表了咖啡人士所謂「明亮」、「柑橘果皮」與「鮮活感」的來源,水洗與日曬咖啡皆有。檸檬酸會出現在咖啡生豆,烘焙過程並不會強化檸檬酸,而是緩慢裂解。例如,中焙咖啡豆的檸檬酸含量大約是咖啡生豆的一半。[8] 這也是為何檸檬酸能為咖啡帶來怡人酸質,卻又在高濃度時變得過於刺激且令人不適,例如烘焙發展不足的咖啡豆。

同樣地,蘋果酸也往往與蘋果有關,但也是許多其他水果屬性的主要酸類,包括歸類於梅果屬性之下的黑莓與藍莓,以及歸類於其他水果屬性的櫻桃、葡萄、水蜜桃與梨。蘋果酸是咖啡中果香屬性的一部分,而且研究顯示「果香較強」的咖啡往往擁有濃度較高的蘋果酸。[9] 蘋果酸與檸檬酸某些方面十分相似,所以練習分辨兩者的差異,是相當實用(且有趣!)的鍛鍊。

絕大多數的我們，家中一定都有醋酸（白醋），不過，各位可能不知道醋酸其實在咖啡特質方面扮演了重要角色。某些醋酸會在咖啡後製處理的發酵階段發展，但多數醋酸都是在烘焙過程由碳水化合物分解而成，而且濃度可能增加高達原本的二十五倍。由於醋酸是由碳水化合物轉化而成，因此含糖量較高的咖啡生豆往往在烘焙後帶有較高的醋酸含量。淺焙至中焙的咖啡豆醋酸含量最高，因為一旦烘焙時間延長，醋酸就會進一步分解。醋酸的酸度不及檸檬酸或蘋果酸，但醋酸對咖啡整體酸質的表現十分關鍵，對香氣也至關重要──人類的嗅覺對其相當敏感。當濃度較低時，醋酸能帶有「怡人、乾淨且如帶甜感的特性」；但在高濃度時，則會呈現發酵調性，並往往被視為異味。[10]

多數淺焙與中焙咖啡都帶有一定程度的酸質，因為許多咖啡文化中，酸質都會被視為風味平衡的條件之一。如果各位想要品飲以酸質為主導的咖啡，可以留意「明亮」、「閃耀活潑」（sparkling）等關鍵字，以及帶有酸質的食物或飲品的相關酸味／酸質特性，例如檸檬飲、糖果與水果等等。

> **缺陷風味：發酵香（或者，是嗎？）**
>
> 《咖啡感官辭典》也有收錄丁酸（butyric acid，與乳製品發酵有關，例如帕馬森起司〔Parmigiano-Reggiano〕），以及異戊酸（isovaleric acid，與腳汗及羅馬諾羊起司〔Romano〕等熟成起司相關）的參考物。丁酸通常會與帶有起司及發酵特性有關，在咖啡專業杯測中，通常會被視為瑕疵風味。此外，即使是在杯測桌上，這些屬性其實也很罕見，所以我們一般消費者幾乎不會遇到。酸類參考物也一樣不容易取得，但如果各位真的打算提升味蕾能力，可以先尋找帕馬森起司與羅馬諾羊起司進行氣味與味道的比較。
>
> 不過，遇到發酵屬性的機率比較高（「刺激且甜、帶些微酸味，有時具酵母香，擁有發酵水果的酒香般特性、糖或過度發酵麵團調性」）。如前所述，發酵特性往往會被視為缺陷，但部分咖啡品鑑師卻頗為喜愛此風味，而且某些特定類型咖啡的確可預期出現發酵香，所以應該也有烘豆師偏愛此風味。《咖啡感官辭典》的發酵屬性（香氣）參考物為Guinness品牌的特濃黑啤酒。製備方式為在2盎司玻璃罐倒入三分之一的啤酒（三人份），蓋上杯蓋保留香氣。可以室溫品飲。

多數淺焙與中焙咖啡都帶有一定程度的酸質，
因為許多咖啡文化中，
酸質都會被視為風味平衡的條件之一。

味蕾鍛鍊

檸檬酸、蘋果酸與醋酸

透過此練習，以對比的方式熟悉三種酸質屬性——檸檬酸、蘋果酸與醋酸。切記，蘋果酸並不含有氣味分子，但其他兩種酸皆具有。

需要準備

- 0.05%檸檬酸溶液（第41頁）
- 食物等級蘋果酸
- 酸度0.5%蒸餾白醋
- 新鮮水
- 3個1盎司杯或一口杯
- 杯蓋

檸檬酸（香氣＋風味）：在第一杯倒入檸檬酸溶液，接著蓋上杯蓋。準備好時，就可以掀開杯蓋嗅聞與品飲。香氣有讓你想到什麼嗎？風味呢？它們有多相似？又有多不同？盡可能詳細描述香氣與風味，並／或與某個記憶連結。

蘋果酸（風味）：製作濃度為0.05%的蘋果酸溶液：在1公升的熱水中，溶解0.5公克蘋果酸，攪拌和搖晃至完全溶解。倒入第二杯，接著蓋上杯蓋。準備好時，就可以掀開杯蓋品飲。風味有讓你想到什麼嗎？盡可能詳細描述風味，並／或與某個記憶連結。

醋酸（香氣＋風味）：製作濃度為1%的醋酸溶液：混合80公克的水與20公克的白醋。倒入第三杯，接著蓋上杯蓋。準備好時，就可以掀開杯蓋嗅聞與品飲。香氣有讓你想到什麼嗎？風味呢？它們有多相似？又有多不同？盡可能詳細描述香氣與風味，並／或與某個記憶連結。

訣竅

- 建議各位可以將檸檬酸與蘋果酸溶液分別以1公升的瓶子承裝。如此一來，就能將其保存於冰箱，並在數日之內使用完畢。這也十分適合進行盲品版本練習（請見第150頁）。

- 蘋果酸與檸檬酸都能在網路購得，在品項齊全的藥局或保健食品商店（粉末或膠囊裝蘋果酸）也找得到，或是雜貨店（食品等級檸檬酸）也可能有。剩下的檸檬酸有超多用處，例如做成糖果、料理用、清潔與做成沐浴球。

- 如果各位不易取得檸檬酸與蘋果酸，也可以使用檸檬汁（代替檸檬酸）與蘋果醬（代替蘋果酸）。將新鮮檸檬汁與水以1：4的比例稀釋，就是檸檬屬性的風味與香氣參考物（即風味輪的「柑橘類水果」）。Gerber品牌的第二階段（2nd Foods）配方蘋果糊則是蘋果屬性的風味參考物（風味輪的「其他水果」）。雖然，檸檬與蘋果也含有酸質以外的其他特質，但在比較這兩種屬性時，依舊可以大致感受到檸檬酸與蘋果酸的酸質表現特色有何不同。

花朵

花香

描述：甜、輕盈並散發些微香氣，讓人聯想到新鮮花朵。
參考物：Welch 品牌的 100%白葡萄汁

對入門者而言，辨識花香是個挑戰，也許更適合作為有更多經驗品飲者的鍛鍊目標，但是花香也是形塑其他風味特質（例如某些水果、辛香料與堅果）的關鍵角色，因此，我也希望各位可以試試看。《咖啡感官辭典》的花朵類型之下包含四個屬性，分別是玫瑰、茉莉、洋甘菊與紅茶，但建議各位由基本花香屬性著手，若是有興趣進一步提升花香感受能力，這套辭典列舉的參考物較為昂貴，另一種方式是直接前往當地花市尋找玫瑰與茉莉，以及品飲高品質的玫瑰花茶、茉莉花茶、洋甘菊花茶與紅茶。花香、果香（請見第 113 頁）與果乾（請見底第 116 頁）屬性一同比較，有助於各位分辨它們的差異。

花香通常會被認為較為細緻，如同我們先前提到的，最早能聞到花香的階段就是現磨咖啡的乾香。花香與酯類相關，酯類是一種來自羧酸的揮發性化合物，常帶有香氣。研究顯示，花香屬性與果香、甜味、辛香料及酸味屬性一樣，深受咖啡品飲師與生豆商的喜愛——也對咖啡品質評價影響最鉅。[11]

花香往往會被烘焙為掩蓋，因此淺焙與中焙往往較能表現花香風味。據說，咖啡品種藝伎（gesha）——由巴拿馬彼得森（Peterson）家族之翡翠莊園（Hacienda La Esmeralda）發揚光大——有明顯的茉莉花香。如果各位想要尋找咖啡中的花香就可以先從這品種下手。只要記得不保證一定感受得到喔；花香特質難以捉摸，而且常常是更容易聞到而非嘗到。另外，也可以尋

味蕾鍛鍊

花香

透過此練習，讓自己熟悉花香的香氣與風味屬性。

需要準備

- Welch品牌的100%白葡萄汁
- 新鮮水
- 中型聞香杯或葡萄酒杯
- 1盎司杯或一口杯
- 杯蓋

香氣屬性： 混合四分之一杯的白葡萄汁與四分之一杯的水。倒入聞香杯，並蓋上杯蓋。準備好時，就可以掀開杯蓋嗅聞。香氣有讓你想到什麼嗎？盡可能詳細描述香氣，並／或與某個記憶連結。

風味屬性： 將剩下的混合液體倒入1盎司杯，並蓋上杯蓋。準備好時，就可以掀開杯蓋品飲。風味有讓你想到什麼嗎？與香氣比較如何？盡可能詳細描述風味，並／或與某個記憶連結。

找辭典中與花香相關的屬性，與其他花朵，例如木槿、忍冬（honeysuckle）與咖啡花（其香氣與茉莉花的十分相似）。

堅果／可可

> **堅果**
> **描述：** 微甜、褐色調性、木質、油滑、黴味、澀感與苦味等香氣，通常讓人聯想到堅果、種子、豆類與穀物。
> **參考物：** Diamond品牌的扁桃仁片與去殼核桃

研究顯示，堅果屬性與未研磨淺焙咖啡豆，以及淺焙至中焙咖啡粉和沖煮咖啡有關。[12] 以化學角度而言，堅果屬性往往與吡嗪類化合物有關，這類化合物主要在烘焙初期形成，隨著烘焙繼續進行，將逐漸分解，並被其他化合物掩蓋。[13]

以我個人經驗而言，咖啡中的堅果與可可屬性（請見第128頁）經常一同出現（咖啡專業人士品評咖啡時，兩種屬性通常會分為同一類）。若是有人平常都喝強調烘焙風味的咖啡，想要嘗試強調咖啡豆本身風味的咖啡，我通常會推薦帶有堅果／可可屬性的咖啡。這些「褐色」調性的風味往往帶有粗獷、圓潤、飽滿與舒服怡人，這些都是人們喜愛烘焙風味的原因。不過，淺焙至中焙咖啡的堅果／可可屬性常伴隨著香甜屬性，而非深焙咖啡的烘烤／焦苦屬性，整體風味也將不會那麼強烈。

《咖啡感官辭典》的堅果屬性之下又分為三種特定屬性：扁桃仁（almond）、榛果與花生。其中的花生屬性也是中焙咖啡的風味參考物（請見第136頁），

味蕾鍛鍊

堅果

透過此練習，讓自己熟悉堅果的風味屬性。

需要準備

- Diamond品牌的扁桃仁片
- Diamond品牌的去殼核桃
- 果汁機
- 碗
- 1盎司杯或一口杯
- 杯蓋

風味屬性： 將等量的扁桃仁與核桃以果汁機最高速運轉45秒打成糊狀。倒入碗中，再分別倒入兩個1盎司杯，並蓋上杯蓋。準備好時，就可以掀開杯蓋品飲。風味有讓你想到什麼嗎？盡可能詳細描述風味，並／或與某個記憶連結。

訣竅

- 如果各位家中沒有果汁機，試著將等量扁桃仁與核桃盡量切碎並徹底混合。

不過，在咖啡中品飲出一般堅果屬性容易許多，分辨出特定堅果類型比較困難些。

想要尋找堅果屬性的咖啡，建議選擇淺焙至中焙咖啡，尤其是風味關鍵字包含了扁桃仁、榛果與花生，以及其他任何堅果，或是任何含有堅果的食品，例如焦糖堅果糖（praline）。

> **可可**
> **描述**：褐色調性、甜、黴味、塵土味，並常帶有苦味，讓人聯想到可可豆、可可粉與巧克力棒
> **參考物**：Hershey 品牌的無糖純可可粉

研究顯示，可可屬性與未研磨淺焙咖啡豆，以及淺焙至中焙咖啡粉和沖煮咖啡有關，而且可可屬性會隨著烘焙程度增加遞減。有時，嗅聞整顆咖啡豆反而更容易察覺可可屬性（雖然普遍研究認為嗅聞咖啡粉較易感知各風味屬性）。[14]

《咖啡感官辭典》另外列了兩種特定巧克力參考物：巧克力與深巧克力。兩者都與可可相關，雖然深巧克力的特色為苦味與澀感更強。

若是想要尋找這類屬性，建議選擇淺焙至中焙咖啡，尤其是風味關鍵字包含了可可、巧克力與深巧克力，或是可可及巧克力產品（巧克力棒、巧克力醬等等），以及含有巧克力的食品，例如冰淇淋、蛋糕、餅乾等甜點。

味蕾鍛鍊

可可

透過此練習，讓自己熟悉可可的香氣與風味屬性。

需要準備

- Hershey品牌的無糖純可可粉
- 新鮮水
- 中型聞香杯或葡萄酒杯
- 1盎司杯或一口杯
- 杯蓋

香氣屬性： 混合四分之一茶匙的可可粉與100公克的水。將一半的混合液倒入聞香杯，並蓋上杯蓋。準備好時，就可以掀開杯蓋嗅聞。香氣有讓你想到什麼嗎？盡可能詳細描述香氣，並／或與某個記憶連結。

風味屬性： 將剩下的混合液體倒入1盎司杯，並蓋上杯蓋。準備好時，就可以掀開杯蓋品飲。風味有讓你想到什麼嗎？與香氣比較如何？盡可能詳細描述風味，並／或與某個記憶連結。

訣竅

- 可可、巧克力與深巧克力三種可可相關屬性，正是訓練味蕾盡興風味對比的理想屬性：
- 可可參考物：依照以上步驟準備。
- 巧克力參考物：香氣屬性，請取1茶匙的Nestlé Toll House品牌半甜巧克力，放入聞香杯，並蓋上杯蓋。[15]風味屬性，在另一個聞香杯放入1茶匙的巧克力，並蓋上杯蓋。
- 深巧克力參考物：香氣屬性，請取1茶匙的Lindt Excellence品牌90%巧克力片，放入聞香杯，並蓋上杯蓋（剩下的請當零食享用）。風味屬性，在另一個聞香杯放入大約1公分的方形巧克力（也可以切碎，讓所有參考物外觀相似），並蓋上杯蓋。
- 排成一列，分別進行嗅聞與品嘗，並比較彼此的特色。想一想它們的差異是什麼？

綠色／植蔬

綠色

描述：新鮮且以植物為基調的香氣特質。屬性包括葉片、樹藤、未熟、青草與豆莢。
參考物：香芹水（Parsley，又稱歐芹、巴西里）

咖啡生豆一定會有綠色／植蔬屬性，也同樣會帶進最終沖煮出的咖啡，雖然烘焙過程通常會減少這類屬性的表現，因此最常出現在淺焙咖啡。[16]《咖啡感官辭典》將綠色／植蔬屬性再細分為四個子類：橄欖油、未熟（請見第134頁）、豆類與綠色／植蔬（再度出現）；接著再細分為七個特定屬性：未熟、豆莢、新鮮、深綠色、植蔬、似草桿與似草本。

我們人類對某些綠色屬性化合物十分敏感，例如 2- 異丙基 -3- 甲氧基吡嗪（2-isopropyl-3-methoxypyrazine），此化合物與泥土、新鮮、綠豆莢等屬性有關。在奧運規格的游泳池僅僅滴上幾滴這種化合物，我們就能察覺到。[17]

部分咖啡常帶有綠色、植蔬或草本等關鍵字。例如，來自東南亞的咖啡豆（如蘇門答臘）便以綠色大地風味著名，有時如青椒。*這類特定風味比較極端，若是出現在其他產區，甚至可能會被視為缺陷味。除非是原本就以綠色調性為特徵的咖啡豆，否則當杯測時出現過度強烈的綠色／植蔬風味，多數專業咖啡師會將其視為異味。不過，若是綠色風味如同背景點綴，或能輔助襯托其他屬性，也許能依照個人喜好決定能否接受。

* 這類綠色特質常來自於特殊的濕剝處理法（wet-hull process，稱為 Giling Basah），常見於印尼。與各位可能比較熟悉的水洗處理法不同。

味 蕾 鍛 鍊

綠色

透過此練習，讓自己熟悉綠色的香氣與風味屬性。

需要準備

- 電子秤（精度0.1公克）
- 刀
- 1磅新鮮平葉香芹（洗淨）
- 新鮮水
- 濾器
- 中型聞香杯或葡萄酒杯
- 1盎司杯或一口杯
- 杯蓋

香氣屬性：準備25公克的香芹，切碎。倒入一個裝有300公克水的小碗，覆蓋碗頂，靜置15分鐘。以濾器取出香芹並丟掉。將1茶匙的香芹水倒入聞香杯，並蓋上杯蓋。準備好時，就可以掀開杯蓋嗅聞。香氣有讓你想到什麼嗎？盡可能詳細描述香氣，並／或與某個記憶連結。

風味屬性：將2茶匙的香芹水倒入1盎司杯，並蓋上杯蓋。準備好時，就可以掀開杯蓋品飲。風味有讓你想到什麼嗎？與香氣比較如何？盡可能詳細描述風味，並／或與某個記憶連結。

訣竅

- 市售的香芹通常有兩種：平葉香芹（義大利）與捲葉香芹。世界咖啡研究中心並未指定任何一種，我個人假設其為平葉香芹，因為風味較為強烈。

- 如果想要提升一點難度，可以進行綠色屬性與似草本屬性（「常與綠色草本香氣相關，可能帶甜味、些微刺鼻且略帶苦味。可能包含綠色或褐色調性風味」）的比較；此練習也很容易換成盲品版本（請見第150頁）。需準備一些McCormick品牌的乾燥香草：月桂葉（以手捏碎）、百里香粉與乾燥羅勒葉。取出每種香草0.5公克混合，並以杵臼研磨（或使用香料研磨機），直到所有香草混合且細碎。將香草混合物放入碗中，倒入100公克的水，並均勻攪拌。香氣屬性參考物：將5公克的香草水與200公克的水混合，倒入聞香杯。風味屬性參考物：將5公克的香草水與200公克的水混合，倒入1盎司杯。嗅聞並品嘗，接著與香芹水比較。

- 若是不用電動香料研磨機，其實很難將月桂葉磨成粉末。如果各位手邊沒有香料研磨機，盡可能磨碎即可，最後記得濾掉較大塊的月桂葉碎片。

當我們消費者從手中那杯咖啡喝到綠色風味時，最常見的原因可能就是烘焙發展不足，也就是咖啡豆在烘焙過程尚未出充分發揮其潛力。我之所以會納入這個屬性，是因為淺焙咖啡已愈來愈常見，有時真的會遇到一杯烘焙發展不足的咖啡（我在撰寫本書的過程就碰過一次），這便是烘焙缺陷。當綠色屬性伴隨強烈的酸味屬性與／或澀感屬性，通常就是烘焙發展不足。

如果想要尋找帶有綠色調性，但並非烘焙缺陷的咖啡，建議試試印尼咖啡，例如蘇門答臘或蘇拉威西（Sulawesi）的咖啡豆。特別是風味關鍵字出現《咖啡感官辭典》的綠色／植蔬類中的屬性，以及「草本」與「乾羅勒」等相關字詞。

缺陷風味：馬鈴薯瑕疵味

參考物： 生馬鈴薯或蘿蔓生菜莖底

一般而言，消費者鮮少能遇到缺陷風味，因為咖啡生產供應鏈中許多專業人士都受過辨識瑕疵味的訓練。缺陷風味會使咖啡豆無法被視為精品咖啡，所以各位的當地精品咖啡烘豆師幾乎不太可能處理到帶有缺陷風味的咖啡豆。

不過，的確有種缺陷風味偶爾會輾轉來到我們消費者手中——馬鈴薯缺陷。馬鈴薯缺陷僅影響來自非洲大湖區（Great Lakes）的咖啡。馬鈴薯缺陷一名來自其風味表現很像生馬鈴薯，這種缺陷味來自東非的蝽科昆蟲antestia。截至撰寫本書之際，關於究竟是不是這種昆蟲導致馬鈴薯缺陷味，其實還有爭議，但有兩種可能機制。其一，此昆蟲會啃食咖啡樹，導致咖啡樹比較容易受到細菌感染，而細菌產生了具有臭味的吡嗪。另一種機制則是此昆蟲造成的破壞可能導致咖啡樹因壓力而產生具異味的吡嗪。[18]

問題在於，受感染的咖啡豆外觀沒有明顯異狀。所以，直到咖啡豆烘焙之前難以偵測，而順利潛藏在咖啡供應鏈中。理論上，任何來自非洲大湖區的咖啡豆都有出現馬鈴薯瑕疵味的風險，包括衣索比亞、肯亞、蒲隆地、盧安達、剛果民主共和國、坦尚尼亞與烏干達。以我個人經驗而言，馬鈴薯缺陷味最常出現於蒲隆地與盧安達的咖啡豆。

目前已有許多方式可以降低馬鈴薯缺陷味出現——各位千萬別因此避開受到影響的國家——但依舊不算少見，所以建議各位在沖煮咖啡之前先嗅聞咖啡粉。研磨一杯咖啡份量的蒲隆地或盧安達咖啡豆後，嗅聞咖啡粉：馬鈴薯缺陷味非常強烈，各位一定能立刻發現異樣。這種氣味就像是生馬鈴薯。我發現另一個絕佳參考物就是蘿蔓生菜的莖底。下次切蘿蔓生菜莖底時，可以好好嗅聞一番。如此一來，馬鈴薯瑕疵味就能牢牢記在腦中。

這種缺陷味只會影響單顆咖啡豆，而非整袋。也有可能整袋咖啡只有一顆豆子受到影響，但一顆咖啡就足以毀掉一杯咖啡。不過，也完全不用丟掉整袋咖啡豆。只要在沖煮之前聞一下咖啡粉，一旦發現異味丟掉這份咖啡粉就可以了。如果沒有聞出來，沖煮出了這杯咖啡喝了也不會生病。但我敢保證，你一定會立刻察覺異味——其他杯咖啡也一定好喝許多！

生＋烘烤＋焦燒

生
描述：讓人聯想到未烹調的食物。
參考物：Fisher 品牌的整顆天然扁桃仁

烘烤
描述：深褐色調性且經乾燥熱能高溫加熱。不包含苦味或焦燒調性。
參考物：去皮生花生

焦燒
描述：深褐色調性且過熟或烘烤過度，可能出現尖銳刺激、苦味與酸味。
參考物：去皮生花生

雖然聽起來似乎理所當然，但經研究證實，烘烤與焦燒屬性與深焙咖啡豆，以及中焙至深焙咖啡粉與沖煮咖啡相關，而且當烘焙程度增加，這類屬性的強度也會提高。[19] 烘焙過程（尤其是其間的梅納反應與其他化學反應）會產生表現出烘烤屬性的化合物。如果烘焙繼續進行，則會產生表現出焦燒屬性的化合物。我們對於這類化合物都相對十分敏感，當一杯咖啡中這類化合物的濃度愈高，就愈有可能取代或掩蓋其他更細緻、幽微的特性。

長久以來，糠基硫醇（2-furfurylthiol）都被視為影響咖啡香氣與風味的重要化合物，因為其對於咖啡的烘烤屬性有明顯影響。其實，1920年代針對對咖啡香氣的最早深入研究之一已經辨識出這種化合物，並描述為「帶有怡人與咖啡特徵的氣味」。[20] 因此，「咖啡鼻聞香瓶」將糠基硫醇當作咖啡熟豆參考物。近代研究顯示，某些咖啡品種在烘焙過程中，糠基硫醇含量會隨著烘焙過程上升，某些品種則是在淺焙至中焙階段達到高峰，在深焙階段略為下降。[21] 此外，酚類化合物則與焦燒屬性有關。[22] 焦燒屬性在咖啡界通常會視為不討喜（烘焙缺陷）。

生、烘烤與焦燒屬性屬於同一系列的風味光譜，我覺得一同比較這些屬性十分有趣且有益。對生、烘烤與焦燒屬性愈熟悉，就愈容易在品飲時分辨出咖啡豆的烘焙程度。即使咖啡豆的烘焙目標為強調本身風味特性，烘烤特色依舊會影響咖啡整體風味──各位甚至能學會分辨出哪些特質不應出現，例如烘焙發展不足咖啡的生屬性，或過度烘焙咖啡的焦燒屬性。

**對生、烘烤與焦燒屬性愈熟悉，
就愈容易在品飲時分辨出咖啡豆的烘焙程度。**

味蕾鍛鍊

生＋烘烤＋焦燒

透過此練習，讓自己熟悉五個不同烘焙程度的特色：生、淺焙、中焙、深焙與過烘／焦燒。

需要準備

- 烤盤
- 烘焙紙
- 去皮花生
- Fisher品牌的整顆天然扁桃仁
- 5個1盎司杯或一口杯
- 杯蓋

烤箱預熱至218°C（425°F）。在烤盤鋪上烘焙紙，並將花生均勻鋪開，確認各顆花生沒有彼此碰觸（彼此碰觸時，可能變成蒸氣加熱，而非烘烤）。將烤盤放進烤箱，依照以下時間烘烤完成不同烘焙程度的參考物。

生（風味）：將未烘烤的扁桃仁放入1盎司杯，並蓋上杯蓋。

淺焙（風味）：將生花生烘烤7分鐘，然後取出約四分之一的花生。這些花生應該尚未變色。放入1盎司杯，並蓋上杯蓋。

中焙（風味）：將烤盤放回烤箱，繼續烘烤3分鐘（總共10分鐘），或是烘烤到花生轉為中等褐色。取出剩下花生的三分之一，放入1盎司杯，並蓋上杯蓋。

深焙（風味）：將烤盤放回烤箱，繼續烘烤5分鐘（總共15分鐘），或是烘烤到花生轉為深褐色。取出剩下花生的二分之一，放入1盎司杯，並蓋上杯蓋。

過烘／焦燒（風味）：將烤盤放回烤箱，繼續烘烤5分鐘（總共20分鐘），或是烘烤到花生轉為焦色。將所有花生放入1盎司杯，並蓋上杯蓋。

品嘗扁桃仁與每種烘焙程度的花生，每次品嘗後都在蓋上杯蓋。它們彼此之間有何相似與不同？風味有讓你想到什麼嗎？盡可能詳細描述風味，並／或與某個記憶連結。這也是進行盲品測試的絕佳時機（請見第150頁）。

訣竅

- 注意，生屬性（「讓人聯想到未烹調的食物。」）歸類於綠色／植蔬類，但是烘烤屬性的良好比較對象。
- 《咖啡感官辭典》的生屬性參考物為扁桃仁（而非花生），但如果各位不想購買兩種堅果，未經烘焙的生花生也有助於大致了解生屬性。

> **烘烤特質與顏色**
>
> 我在本書使用了**淺焙**、**中焙**與**深焙**等常見的字詞描述咖啡的烘焙程度,因為這些術語廣泛使用於我的研究參考文章中,但我必須特別向各位說明,這幾個名詞其實過度簡化。烘焙程度是牽涉熱能與時間的複雜模式,沒錯,熱能愈高與／或烘焙時間愈長時,咖啡豆顏色會逐漸轉深,但外觀顏色並非理想的風味指標。擁有一模一樣「中等褐色」的兩種類型咖啡豆,很有可能一支帶有強烈烘烤風味,但另一支完全沒有。參與《咖啡感官辭典》的科學家也有特別指出,辭典中的烘烤屬性與「烘烤特徵的強度」有關。他們寫道,「評測者經常感受到某些似乎與顏色有關的風味,並直接由顏色的深淺對應風味的強度,但這種連結可能並不正確……。淺焙至深焙並非線性變化。褐色色調的單純變深並不會加重烘烤風味,因為其實風味會轉至不同類型。」[23] 由於顏色相關的烘豆術語過於簡化,所以許多精品咖啡烘豆師甚至選擇不在咖啡豆袋標註。

風味關鍵字的問題

Flavor 風味關鍵字是烘豆師與咖啡店描述咖啡感官屬性的方式。這也是他們告訴消費者杯中可能有些什麼風味的主要方式。不幸的是,如何利用有限的風味關鍵字描述可能喝到什麼樣的咖啡,這方面咖啡業界尚未做得很好。

我想很多都曾經買過一包風味關鍵字聽起來超級美味的咖啡豆——朱槿、粉紅檸檬水、氣泡感——但入口後完全喝不到任何一種豆袋上的風味。我們

可能馬上覺得自己是不是哪邊做錯了？也許是沖煮方式錯了，或是品飲的方式不對。不過，也許並非如此，原因可能有幾個。

首先，如同我們討論過的，風味屬性往往十分幽微，通常都須要經過一定程度的味蕾鍛鍊（或至少必須有意識且仔細思考地品飲）。我希望，本書能協助各位克服這項挑戰。

再者，這些風味關鍵字是來自烘豆師於某個特定的日子，在特定的地方，用特定的水及一種特定的沖煮方式（也就是杯測法，請見第 145 頁）完成。杯測法的規範包括一定的烘焙程度與沖煮方式，兩者都很有可能與消費者手中那包咖啡豆的烘焙程度及沖煮方式不完全相同。回想一下我們在「咖啡風味的影響因素」（第 87 頁）章節談到的。由於咖啡的本質就是複雜，許許多多的因素都可能影響風味，所以不論是各位或咖啡師，可能都無法重現烘豆師所設定的風味描述。若是各位曾經有在家沖煮過咖啡，就可能已經知道沖煮過程的一點點微調都可以改變咖啡的風味。而且，就算是沖煮過程沒有變化，咖啡豆的風味在一週之內有所變化也不是怪事。這並不代表咖啡豆「壞了」或沖煮方式錯了，只是嘗起來有些不一樣了。

然而，以我個人經驗而言，咖啡風味通常不會有**根本性**的改變；一支擁有明亮果香的咖啡豆，不太可能變成帶有濃郁黑巧克力風味的咖啡，但杯測時的明顯黑莓風味，在幾個月後於咖啡店沖煮時，很可能就轉變為一般的莓果或水果風味。或是原本細緻的花香可能完全消失。又或是某種風味變得更為搶眼。記得，我們不可能創造出咖啡豆本身不具有的風味──但依舊有可能破壞或掩蓋風味。

最後，永遠記得，寫下風味關鍵字的人未必都是咖啡品質鑑定師（Q grader，咖啡領域的頂尖級別感官專家），也不一定都會使用《咖啡感官辭典》的標準化詞彙。他們也可能從未經過任何行銷訓練，而不見得擅長有效地表達產品資訊。老實說，風味關鍵字有時看起來根本不像是寫給消費者的，更像是想要勾起其他咖啡專業人士的興趣或讚賞。

部分烘豆師與咖啡店已經意識到風味關鍵字有這些潛在問題，並積極地試著用更有效率的方式與消費者溝通，通常是將風味關鍵字的語言更簡化，讓這些文字能引起共鳴，變成更常見、更容易分享與複製的風味經驗。不過，也有許多烘豆師的作法完全相反：使用過於具體的描述字詞，以及華麗卻空泛的行銷語言，不僅失去了常見且能共感的風味經驗，同時也造成困惑。

所以，遇到這類的語言該怎麼辦？建議各位可以用較廣義的方式解讀，並試著把過於具體的屬性分解成比較基本的風味，使用已經幫我們完成眾多整理工作的《咖啡感官辭典》與「咖啡風味輪」。由於咖啡的主要特徵並不會產生根本的轉變，所以大多時候各位都可以自己推測出風味的大致走向。當然，其中有一定的猜測比例，但各位現在已經擁有能做出合理推斷的工具了。

現在，讓我們看看之前提到的風味關鍵字——朱槿、粉紅檸檬水、氣泡感——這些剛好就是我撰寫此章節時，咖啡豆包裝形容的字眼。注意，首先這些屬性都沒有出現在《咖啡感官辭典》或咖啡風味輪。對一般咖啡消費者而言，這些都十分具體又模糊不清。接下來就是我的解讀：

- **朱槿**：一種花，但許多人無法在腦中立即想到他的具體風味。我猜，這是一種過於複雜的行銷語言，試著暗示某種「異國情調」。我會預期這支咖啡帶有一般**花香**。

- **粉紅檸檬水**：檸檬水＝甜味＋果香，也許是一種柑橘類水果。柑橘類水果通常帶有酸味成分。至於「粉紅色」，大多數的粉紅檸檬水只是添加色素，與一般檸檬水沒有明顯的風味差異，所以選擇寫下「粉紅檸檬水」，可能只是聽起來更誘人而沒有特殊含義。另外，也有可能暗示另一種水果特質，例如草莓，但這不影響我的整體印象。我會預期這支咖啡帶有**甜味**、**果香**與**酸味**。

- **氣泡感**：這支咖啡其實沒有添加碳酸氣泡，所以不是實際帶有氣泡感。可能是試著讓人聽起來吸引人且時髦，但也可能是描述酸質，因為氣泡感（effervescent）一詞往往與爽脆、明亮的飲品放在一起，而這些字詞通常用來形容酸質。所以這支咖啡很可能擁有明顯的酸味，再加上其他風味關鍵字，很可能是**柑橘酸**。

- **整體**：這支咖啡可能帶有**熱帶水果的酸質**，並以**甜味**、**果香**及**花香**調性平衡。

某些風味關鍵字的問題在於，並非所有人都共享這些風味經驗，而產生了排他性。這樣的字詞暗示消費者尚未抵達烘豆師的層次（「我知道朱槿的香氣，你不知道真可惜」），因此讓人感到造作。再者，這些特定的關鍵字並未出現在《咖啡感官辭典》，消費者根本無從「抵達烘豆師的層次」，因為沒有描述或

參考物讓消費者的味蕾進行校準。直到咖啡產業整體決定向消費者使用標準化語言之前，我們能做的就是盡力解讀這些過於具體的風味關鍵字。

一般而言，在我個人經驗中，風味關鍵字最好用廣義的方式解讀。過於具體的描述幾乎一定會令人失望。相反地，建議各位將這些關鍵字拆解成較廣泛的風味類型，例如烘烤、辛香料（本書並未提到）、堅果、可可／巧克力、甜味、花香、果香、酸味／發酵味，以及綠色／植蔬。所以，如果各位在咖啡豆包裝看到「S'more」（S'more 品牌棉花糖巧克力夾心餅乾），別期待會嘗到營火邊常吃的甜點味，應預期咖啡呈現較廣義的甜味，並帶有巧克力與烘烤特質。當各位看到「青蘋果」，也可以預期嘗到較廣義的果香，並帶有一定程度的酸味。

CHAPTER 5
第五章

品飲咖啡的實用訣竅

在上一章，各位已經開始為大腦建立參考資料庫，**在其中填滿咖啡相關的感官屬性，並記住不同屬性的名稱。當然，這麼做是希望各位能在之後的日常咖啡品飲時，認出這些屬性並在當下能夠清楚表達。這稱為感官能力。想要培養感官能力，各位必須實際品飲咖啡——品飲很多很多不同類型的咖啡。最理想的是，同時比較多支咖啡豆。**單獨品飲一支咖啡當然沒問題，但若是能同一時間比較兩或三支咖啡，他們的細微感官屬性差異就會變得更加清晰——甚至令人驚艷。

不過，這也帶來了挑戰。如同我們提到的，沖煮方式會對咖啡感官屬性產生極大影響，而且這些屬性還會隨著時間變化，再者，其間的一點點微小變化（例如溫度）就會影響我們的味覺感知。因此，為了讓不同支咖啡豆在相同條件完成沖煮，並盡量降低可能的偏見，我們需要一套能在相同時間、相同溫度以相同方式沖煮咖啡的規則。再者，這套規則也不能太過繁瑣，否則將很有可能失去這麼做的動力。

幸運的是，咖啡專業人士已經制定出一套快速、簡單且系統化的方式，讓我們同時品飲多支咖啡——也就是杯測（cupping）。各位將在本章學會如何設置一場杯測，輕鬆地同時比較不同咖啡。此外，各位也能學到三角杯測（triangulation）的訣竅、如何設置盲品與如何有意識地品飲，並利用它們測試自己的品飲能力。

如何設置杯測

理論上,杯測是一種咖啡專業人士用來評鑑咖啡生豆(未烘焙的咖啡豆)的工具。精品咖啡協會發展出一套詳盡的杯測規則,各位在其網站就能查閱。[1] 這套規則頗為複雜且嚴格,因為杯測是一種感官分析工具,目的是以有限的偏見評鑑與描述咖啡的感官屬性,在利用人類味蕾當作測量工具的狀態之下,其實十分挑戰。

為了讓杯測快速進行且結果準確,從咖啡豆的烘焙程度、研磨顆粒尺寸,到沖煮溫度與品飲方式都有一套流程與控制條件。杯測者會使用精品咖啡協會的杯測表(Cupping Form),填入以下各項評分:烘焙程度、乾香、風味、酸質、醇厚度、平衡、尾韻、一致性、甜味、乾淨度、整體表現與風味缺陷。[2] 精品咖啡協會在手冊明確指出杯測的目的:「雖然有時會以教育或推廣意義進行示範性『杯測』,但這並非**真正的**杯測;杯測真正存在的目的是咖啡生豆貿易的評價與品質鑑定工具。」[3]

所以,我們不太需要過於在意複雜的杯測表──其中許多項目都不適用,因為我們品飲的咖啡其實都已經過嚴格的杯測評鑑。杯測評鑑的總分為 100 分。我們喝的精品咖啡豆都必須達到 80 分以上,我們無須如同專業杯測一般,將目標放在評鑑咖啡豆的品質。

話雖如此,我們依舊可以參考杯測的沖煮方式──它真的是同時品飲多支咖啡豆的最簡單方式──而且我們還是稱之為「杯測」,雖然精品咖啡協會可能並不如此認為。我們將杯測當作探索咖啡風味與鍛鍊感官能力的方法,而非評鑑咖啡品質。我們可以進行兩種品飲方式:辨別性品飲(判斷咖啡樣本之間是否有差異),以及描述性品飲(清楚形容咖啡樣本之間的差異)。如

果各位已經知道杯測如何進行，應該馬上就發現我簡化了一些步驟。例如，專業杯測時，每支咖啡都會準備五個樣本（檢查咖啡樣本的一致性），但對於單純品飲而言並非必要。建議各位一次杯測兩到三支咖啡豆，細細探索它們之間的差異。

杯測的沖煮方式十分基本——準備尺寸相同的杯子，每個杯子放入不同咖啡的等量咖啡粉，並注滿熱水。讓咖啡粉像泡茶一般浸泡，一定時間之後，用湯匙撇除浮在液面的咖啡渣。這種方式能讓每個咖啡樣本幾乎同時準備完成，而且無須擔心保溫或沖煮方式不同的問題。接著，就用湯匙品飲咖啡。每位品飲者都會有自己的湯匙，如此能讓多人一同進行品飲又保持衛生。以下是簡化版的精品咖啡協會杯測流程。我通常建議盡量保持統一，讓所有咖啡樣本穩定一致。

需要準備

- **新鮮過濾水**：聞起來不應帶有氯氣或其他異味。請勿使用蒸餾水或軟水。

- **磨盤磨豆機**：磨盤磨豆機能確保咖啡粉顆粒尺寸都盡量均勻。如果手邊沒有，可以請當地咖啡店幫忙研磨。咖啡粉粒徑為「比手沖咖啡粉稍微粗一些」。

- **加熱水與測量水溫的工具**：我使用的是內建溫度計的電子壺。如果手

邊沒有，可以使用食品溫度計，或在水滾之後立刻使用。

- **電子秤**：精度應為 0.1 公克。建議各位以公克測量所有東西（包括水），因為這是設置杯測最簡單也最快速的方式。

- **計時器**：當然，各位可以直接使用手機！

- **湯匙**：各位需要一支撇除咖啡渣的湯匙，以及每位品飲者各自使用的湯匙。市面上也有專業杯測湯匙，但沒有必要購買。各位可以準備喝湯的湯匙，但任何湯匙皆可。

- **小型寬口淺杯**：咖啡專業人士會使用杯測碗，但也沒有必要購買。使用容量為 207～266 公克的咖啡杯或小碗即可。每一支咖啡豆都需要一個杯子。請確定所有杯子的尺寸、形狀與顏色一致，避免能從外觀辨識咖啡樣本。

- **任何尺寸的杯子**：一個用來裝撇除的咖啡渣。另外也準備裝了清水的杯子（每位品飲者一個，以保持衛生），用來清洗湯匙。

步驟

1. **計算杯子能裝進多少水**：如此一來，就不用在沖煮時煩惱計算水量。將其中一個杯子放在電子秤（單位設定為公克）上，歸零（「tare」或「歸零」的按鈕），注滿水至杯緣，寫下此時的克數。如果家中的杯子都較大，可以倒入重量 207～266 公克的水，並用紙膠帶標記每個杯子此時的水位，如此就能直接注水到標記線，而不用在沖煮時手忙腳亂地操作電子秤。

2. **計算咖啡粉量**：各位應該以 150 公克的水沖煮 8.25 公克的咖啡。記得，1 毫升的水等於 1 公克的水，所以所有材料都以公克為單位最方便。例如，如果你的杯子可以容納 220 毫升的水，也就是等於 220 公克的水，所以就可以沖煮 12 公克的咖啡粉。建議各位記錄使用的咖啡粉量，以供之後修改參考。現在，各位已經完成步驟 1 與 2 了，下次就可以直接從步驟 3 開始。

3. **準備杯測桌**：準備與咖啡樣本數量一致的寬口淺杯，排成一列，這樣就可以輕鬆地由左到右逐一品飲。剩下的杯子放在那一列咖啡樣本杯的後方。其中一個杯子保持空杯，其他都裝滿水。準備好一支公用湯匙，其他湯匙發給每一位品飲者。將計時器放在容易取得的地方。一旦開始沖煮，過程會十分快速，所以先將杯測桌布置妥當很重要。

4. **研磨咖啡豆並記錄乾香**：為咖啡豆秤重，稍微多加一點咖啡豆，因為部分磨豆機會「吃掉」豆子。記得，研磨粒徑應該比手沖咖啡（約中等粒徑）再稍微粗一些。使用不同咖啡豆時，先以新咖啡豆滌淨磨豆機——也就是放入少量新咖啡豆研磨並丟棄。這種方式可以降低不同咖啡豆交叉混合的風險。研磨之後，再次為咖啡粉秤重（若是有需要，可以除掉多餘的咖啡粉，讓所有咖啡粉的淨重相同），接著將每一份咖啡粉分別放入每一杯咖啡樣本杯中。在等待水加熱時（步驟 5），嗅聞每一杯咖啡粉的乾香（請見第 23 頁）。

5. **將水加熱至 90 ～ 96°C（195 ～ 205°F）**：記得，一旦研磨咖啡豆，就不應靜置咖啡粉太久，因為寶貴的香氣會很快散失。精品咖啡協會建議最久不應超過 15 分鐘。

6. **注水並記錄濕香**：為計時器設定 4 分鐘，由左至右儘速將熱水注入每杯，將熱水注滿至杯緣或標記線（因為咖啡粉會浮起來，所以讓咖啡粉抵達標記線即可）。等待 4 分鐘的同時，記錄每個咖啡樣本的濕香（請見第 25 頁）。

7. **破渣並撇除咖啡渣**：當計時器響起，從左邊第一個注水的杯子開始，使用你的個人湯匙「破渣」，也就是攪拌數次（如果你是負責破渣的人，可以再次嗅聞濕香。咖啡專業人士認為此階段的香氣最為濃郁，對我們而言這點同樣並非最為必要）。接著，使用同一支湯匙與桌上的另一支公用湯匙撇除咖啡渣，並將咖啡渣丟到空杯。盡量試著只撇除咖啡渣與泡沫，不帶走咖啡液。剛開始，撇除咖啡渣不太容易抓到訣竅，但經過練習很快就會變得順手。從杯頂上方，以兩支湯匙沿著杯緣像畫兩個括號移動並收集咖啡浮渣。建議各位可以觀看示範影片。[4] 用承裝乾淨水的杯子清洗湯匙，避免風味交叉污染。在專業杯測時，通常會由不同人一起為每一杯進行破渣與撇除咖啡渣，以確保同時完成，但各位也可以指定由一人負責。

8. **品飲咖啡**：當咖啡樣本到達適合品飲的溫度時（請見第 161 頁的訣竅），由左至右開始品飲。使用你的個人湯匙由液面舀出少量咖啡，然後品飲（請見第 159 頁的「品飲方式」）。用乾淨水杯清洗湯匙，再進行右方下一杯的品飲。此時，杯測桌的左方就會空出位子讓下一位品飲者進行。重複此過程，直到所有人皆品飲完所有樣本。

休閒杯測

如果各位不想進行完整的杯測流程,當然也可以直接到咖啡店點兩杯不同咖啡(或是找朋友各點一杯),然後進行比較。兩杯咖啡很有可能在差不多的時間完成。以下是一些可能有所幫助的咖啡對比組合。各位也可以嘗試三角杯測(請見第156頁)進行味蕾測驗。根據各位當地咖啡店,或許也能請店員協助尋找以下組合的咖啡豆。但請記得,並非所有咖啡店都會做出這些分類,也並非所有咖啡師都受過感官訓練。

- 日曬與水洗咖啡豆
- 果香與可可／堅果風味
- 高酸與低酸咖啡
- 傳統與現代烘焙(或是深焙與淺焙)
- 非洲與南美洲咖啡
- 配方與單品咖啡
- 義式濃縮與手沖咖啡(同一支咖啡豆)

我發現在家進行一整列的品飲杯測,最大的挑戰就是時間。很難在沖煮第二杯的同時,維持第一杯的溫度不變。不過,只要準備優質保溫瓶與耐心,應該就能達到不錯的效果。

如何設置盲品

本書有幾項感官參考物練習建議各位可以進行盲品,也就是在不知道咖啡豆為何種的狀態之下進行品飲。尤其是三角杯測(請見第156頁)必須以盲品

進行，專業咖啡杯測則是一定為盲品。剛開始接觸杯測時，我認為品飲已知咖啡是很有價值的練習，因為能同時建立風味與記憶的連結，所以並非每次杯測都必須是盲品。不過，當各位準備提升至下一階段或想要測試自己的味蕾時，盲品就變得十分關鍵。

盲品之所以重要，因為這種方式可以降低已知資訊造成的偏見。品飲過程會造成偏見與誤差的方向大致可分為三類：生理性（生理狀態影響嗅覺與味覺能力，例如感冒）、神經性（大腦造成我們的感知風味「錯誤」），以及心理性（我們的心理預期影響感知）。盲品的設計就是降低心理性偏見與誤差（有時也稱為預期性偏見）。

即使是專業品飲者也無法完全避免心理性偏見；其實，也許因為知識基礎而更容易受到影響。例如，他們可能「會將特定的感官屬性與其他條件聯想，例如產地、品種、後製處理、烘焙程度等等」。[5] 接著，就可能有意識或無意識地「尋找」與「找到」預期中的風味。例如，若是品飲者事先知道面前方的是日曬咖啡，就可能預期會帶有強烈果香，並在果香項目給出高分。因此，精品咖啡協會建議每一位「品飲者在杯測時，都應該僅僅知道最低限度的資訊。」[6]

所以，該如何進行盲品呢？理想的盲品，可以請朋友協助挑選咖啡豆，以及／或協助設置杯測，如此一來，就無從得知品飲的是什麼咖啡豆，以及／或品飲順序為何。但此方式並非總是可行，尤其是進行本書推薦的咖啡豆組合，各位至少會知道桌上有哪些咖啡豆。以下是試著在已知樣本的情況之下，降低杯測偏見的幾種方式。不論使用哪種方式，所有杯子都應完全一致，最理想的狀態是使用不透明或黑色杯子，以確保無法辨認杯中之物。

不一定必須進行盲品

雖然盲品能降低偏見,但對於正在探索風味的人而言,知道自己正在品飲哪支咖啡也同樣能學到許多。對比不同咖啡能讓大腦神經更清楚察覺風味的差異。我曾提到神經性的偏見與誤差就是一例。研究指出,當專業品飲者正進行由左至右的杯測時,若前一杯遇到帶有瑕疵味的咖啡,就似乎會導致給出下一杯比實際更高的分數。當一列咖啡樣本都沒有瑕疵味時,整列咖啡的分數也將變得更高。[7]此現象稱為「漁翁效應」(carry-over effect)。[8]

如果你是一位盡力客觀評鑑咖啡的專業人士,就會盡量降低漁翁效應的影響。不過,對於在家學習風味的品飲者而言,對比品飲反而有助於建立不同風味的認識。我認為,漁翁效應能放大兩杯風味迥異咖啡之間的差異,讓我們更容易描述不同之處為何。例如,單獨品飲一支帶有果香風味的咖啡,可能只會覺得它與一般咖啡僅略有不同。然而,當我們先喝一口帶有果香的咖啡,再喝一口帶有巧克力風味的咖啡時,兩者的差異就可能極為鮮明且印象深刻。以科學的角度而言,這就稱為「抑制釋放」(release from suppression)。當我們品飲到強烈的某種特定風味(如果香),味蕾會適應此風味,並停止強烈感知它。我相信各位應該都曾經在家烤過餅乾,一陣子過後可能就不會察覺到滿室甜香。但如果某人剛走進廚房,可能會驚呼餅乾真香。同樣地,在品飲下一杯咖啡時,上一杯已經適應的風味,此時可能就會變得悄無聲息,而對比咖啡時此現象又更加鮮明。[9] 對於品飲較為相似的咖啡時,則需要其他技巧克服此現象。

在準備品飲已知咖啡時,請確保品飲的順序從最淺焙／最細緻／最幽微的咖啡開始品飲,再到最深焙／最不細緻／最不幽微的咖啡。

否則，我們的味蕾可能會被強烈的風味抑制，使得較幽微的風味能難察覺與欣賞。葡萄酒品飲的順序也是如此，通常會先品飲最輕盈的白酒，再到最濃郁的紅酒。

另一種簡單又有趣的品飲方式，就是準備一系列烘焙方式不同的咖啡。一般而言，這代表從「淺焙」至「深焙」，但這種術語經常導致混淆。許多工藝烘豆師則完全不使用這類字詞，而大型精品咖啡品牌的豆袋上雖然寫著「淺焙」，但其實烘焙程度可能比在地小型工藝烘豆師的任何咖啡都來得深。

如果各位在尋找咖啡豆方面遇到困難，當地烘豆商或咖啡師或許能提供協助。只須告訴他們你的想要——品飲不同烘焙風格的咖啡。每種類型的咖啡豆，我都提供了至少一個建議。但想要給出特定的建議並不容易，因為我能買到的咖啡豆，並不一定到處都買得到。此外，咖啡是一種季節產品。單一產地的咖啡豆通常不是全年供應，但往往比全年穩定供應的配方豆擁有更多元的風味屬性。

- 最淺焙的咖啡：若有機會可以試試斯堪地納維亞的烘豆商。他們的現代烘焙傳統通常偏向極淺焙。我很喜歡的兩間斯堪地納維亞烘豆商為Coffee Collective（丹麥）與Morgon（瑞典），但當然還有其他許多選擇。
- 淺焙咖啡：試試衣索比亞的Mordecofe或盧安達的Huye Mountain，烘豆商Stumptown Coffee Roasters在一年中的半年都能買到這兩支咖啡。[10]
- 中焙咖啡：試試烘豆商Stumptown Coffee Roasters的Holler Mountain或Homestead。
- 星巴克的黃金烘焙，例如Veranda Blend。
- 星巴克的中等烘焙，例如Pike Place。
- 星巴克的深焙，例如Caffè Verona。

雙盲品

此品飲方式需要兩人參加，兩人都不知道品飲的哪支咖啡。盲品的設置方式稍微複雜，且杯測必須在 4 分鐘的沖煮時間完成。各位可以依照第 145 頁的步驟準備杯測，雖然會知道咖啡樣本放在哪裡，但在沖煮咖啡的過程必須隨機排列咖啡樣本，以確保兩人都不知道順序。各位必須在 4 分鐘之內標記杯子，並移除標記。建議各位使用白板筆，並用手機記錄過程。

步驟 1
第一位參與者用不同顏色標記每個杯子。

步驟 2
第一位參與者寫下哪支咖啡標記了哪種顏色，然後打亂杯子的順序。

步驟 3
第二位參與者再次用不同顏色標記每個杯子，使用新的顏色。

步驟 4
第二位參與者將現在的配置用手機拍下，除去第一次的標記，然後再次打亂杯子的順序。

以下是步驟詳細說明——此時，在第二位參與者不在房間的狀態之下，第一位參與者設置初始杯測，在隨機打亂開始時，只有第一位參與者知道順序。以此例而言，我們假設有三支不同的咖啡，初始順序為衣索比亞、巴拿馬、巴西。

1. 在第二位參與者不在房間的狀態之下，第一位參與者用不同顏色的白板筆標記每一杯咖啡。此時，第一位參與者標記了衣索比亞紅、巴拿馬藍、巴西綠。如果各位想要採用三角杯測（請見第 156 頁），而其中兩杯咖啡一樣，也還是標記上不同顏色

2. 第一位參與者寫下咖啡樣本各自對應的顏色，接著打亂順序。假如新的順序是巴拿馬藍、衣索比亞紅、巴西綠。第一位及第二位參與者交換位置，但別讓第二位參與者看到紀錄紙。

3. 第二位參與者現在獨自一人在杯測房間中，他會看到咖啡樣本的順序（藍、紅、綠），但不知道顏色對應的咖啡是什麼。第二位參與者在每個杯子寫下第二個標記，並使用不同顏色。假如，第二位參與者標記的是橘（藍）、紫（紅）、黑（綠）。

4. 第二位參與者拍下此時的顏色配置，接著擦掉最初的標記（藍、紅、綠），然後打亂順序。第一位參與者回到房間，但別給他看剛剛拍下的配置照片。

現在，第一位與第二位參與者都不知道哪杯咖啡樣本是哪支咖啡。當計時器響起，品飲者就可以開始破渣，並進行正常杯測。杯測最後，第一位及第二位參與者拿出剛剛的紀錄紙與照片，並看看實際的品飲順序。

獨自盲品

如果各位準備在家獨自品飲,依舊能夠進行盲品。請確保使用的杯子皆一致——外觀不應該看出有何不同。在每個杯子底部標記即將沖煮的咖啡豆名稱,接著放入咖啡粉。在開始評鑑乾香之前,請閉上眼睛打亂咖啡樣本杯的順序。然後,完成接下來的杯測(請見第 145 頁)。品飲結束後,就可以看看杯底的咖啡豆名稱。

噓!別影響其他人的判斷!

如果各位正與朋友一起進行盲品,請避免在品飲過程說出自己的想法。品飲者的評論可能會影響其他人的片段,這種現象稱為社會性偏見。若是發表評論的人被視為最具評鑑能力時,這種影響力又會更明顯,也稱為權威性偏見。人類天生傾向跟隨權威者,並試著與團體維持和諧。[11] 因此,請直接寫下自己的心得,直到品飲結束時再揭曉。其實,每一位品飲者在杯測過程中,都應該保持一張撲克臉——面部表情、手勢或其他非語言的溝通,都有可能影響他人的判斷。

如何進行三角杯測

Tria 三角杯測是一種感官測驗,能用來看出一個人能否分辨出兩種不同的咖啡。在三角杯測中,各位必須從三個咖啡樣本中,找出不同的那一杯。這三個樣本稱為三元組(triad);其中兩杯為相同咖啡豆,一杯則是不同。目標很簡單,就是找出不同的是哪一杯,且沒有必要指出差異為何。三角杯測在

咖啡專業領域也很常見，咖啡品質鑑定師（Q Grader）就必須通過三角杯測才能獲得認證。世界盃杯測大賽（World Cup Tasters Championship）也有三角杯測的項目。烘豆師與咖啡師等專業人士也會將三角杯測當作感官訓練的方式之一。各位也可以利用此方法測試自己的辨認能力。十分有趣！

由於三角杯測的重點在於分辨不同，所以確認其中兩個咖啡樣本完全一致就極為重要。精品咖啡協會建議，在進行三角杯測時，可以直接沖煮一大壺再取出兩杯，如此能確保兩杯樣本源自同一次沖煮而完全一致。[12] 不過，最理想的方式也包含了控制其他變因，包括維持溫度的一致——之前也提到，在家沖煮較難達到溫度的一致。所以，另一個替代方案一樣是去咖啡店點兩種不同咖啡，或是裝在保溫瓶中帶回家進行杯測，並使用溫度計檢查。

話雖如此，採用杯測的沖煮方式（請見第145頁）依舊能有不錯的練習。只要能夠遵守步驟，並確保兩杯咖啡樣本一致，且另一杯不同。不過，進行三角杯測時，盡量減少不經意造成的差異則尤其重要，特別是研磨咖啡豆與秤重。另外，因為咖啡液體的顏色可能會有差異，所以最好使用不透明（理想為黑色）杯子，讓盲品不受視覺影響（請見第150頁）。

三角杯測是測驗分辨能力的絕佳方式，尤其是連續進行多次三角杯測。因為只靠運氣而連續多次猜對的機率不高。例如，六次三角杯測中，五次猜對的機率僅1.8%。[13] 換句話說，如果各位能在六次測試答對五次，很有可能真的具備分辨兩種咖啡豆的能力！

回想一下我們之前提到的神經性偏見，杯子的擺放順序也可能影響杯測。同樣的情形也會影響三角杯測的結果。當不同的那一杯放在中間時，比較容易辨識出。相反地，咖啡專業人士則會確保順序是隨機的，並進行多次測驗。

三角杯測的難易

三角杯測可以十分簡單或萬分艱難。例如，辨認出淺焙與深焙咖啡通常很簡單（因為差異很大），而區分兩支都來自肯亞的咖啡豆則十分困難（因為根據採用的咖啡豆，兩者風味差異可能十分細微）。除了類似這樣的三角杯測難度有所差異，我所推薦的其他三角杯測難易程度為何則比較難以回答，不過各位找出難易程度其實也很有趣。如果各位是與一群朋友一起進行三角杯測，那麼合理推斷，較簡單的測試答對人會較多，而較困難的測試則較少人答對。

各位可以嘗試第150頁「休閒杯測」中任何或所有咖啡組合的三角杯測，也可以利用三角杯測檢驗基本味道與其他屬性的辨識能力。以下是更多的咖啡組合提供各位參考。祝各位在設計自己的三角杯測時也玩得開心！

- **標準咖啡VS濃烈咖啡**：使用相同的咖啡豆，以標準水粉比例沖煮出兩杯標準咖啡樣本，第三杯則使用較濃烈的水粉比例（也就是增加咖啡粉量，但水量不變）。例如，如果各位的杯測通常是220公克的水沖煮12公克的咖啡粉，那麼可以將第三杯的咖啡粉量增加到15公克。兩者咖啡粉量差異愈大，三角杯測就愈簡單；反之，粉量差異愈小，難度愈高。各位也可以換成標準咖啡VS稀釋咖啡（也就是水量保持不變，但咖啡粉量降低）。

- **標準咖啡VS加酸咖啡**：使用相同咖啡豆，以相同方式沖煮三杯咖啡（這項測試適合直接沖煮一大壺咖啡，因為咖啡豆都是同一支。只要將沖煮出的咖啡在三個杯子倒入等量）。在其中一個咖啡樣本添加0.05%的檸檬酸溶液（第33頁）5公克。檸檬酸溶液添加量愈高，測試難度就愈低。這項測試可以延伸至其他五種基本味道。利用增加和減少參考物的添加量，看看自己的味覺偵測門檻！

如果各位已經準備好嚴格地考考自己,也可以採用專業人士的測驗方式:若第一輪測試為兩杯 A 咖啡與一杯 B 咖啡,下一輪就使用兩杯 B 咖啡與一杯 A 咖啡。[14]

品飲方法與訣竅

在日常生活中,品嘗食物是相當自然的事,但我們接下來將探索一下如何利用生理特性,讓自己分辨與辨識咖啡風味達到最佳表現。本章節將幫助各位更有意識地品飲,不論是正在喝每天一早的咖啡、與朋友一起進行杯測,或是利用三角杯測檢驗自己。也會提供各位如何利用風味輪辨識風味的建議。

如果各位已經準備好認真品飲,建議各位在品飲新的咖啡豆,或在進行味蕾鍛鍊時,都寫下筆記。對許多人而言,書寫有助於資訊的記憶並增強回憶能力,也是未來想要複習時的參考資料。喜歡系統化的讀者,我在書末整理了一份咖啡品飲參考資料(請見第 180 頁),各位可以利用它指引品飲練習,網址:jessicaeasto.com/coffee-tasting-resource 可供下載。

品飲方法

在開始品飲之前,請複習一下我們在第一章提到的感官體驗順序。記得,咖啡體驗的起點為鼻子——鼻前嗅覺讓我們聞得到乾燥咖啡粉的乾香,以及一杯咖啡的濕香。當咖啡入口,我們就能感受到風味(基本味道+口感+鼻後嗅覺)。但是,品飲並非就此結束,還有最後的尾韻(咖啡入喉之後的尾韻風味,往往與入口的風味不同)。以下是品飲咖啡時,可能幫助各位偵測風味屬性的幾項技巧。

- **啜吸（slurping）**：這是專業咖啡品飲者的正字標記，有些人的啜吸還頗為大聲。雖然看起來有點滑稽，但啜吸有其功用。啜吸時，會快速將少量咖啡（從杯測湯匙或杯子）吸入口中，讓咖啡液體在口腔四處噴散。如此一來，不僅能讓舌頭各部位都有機會嘗到味道，也有助於使香氣化合物揮發並向上經過喉嚨後方，並進入鼻腔。我猜有些人因為看過別人大聲啜吸，所以對於啜吸有點遲疑，但啜吸是否有效，並不在於聲響大小。想要的話，當然也可以小聲啜吸。

- **吞嚥後呼氣**：吞嚥後呼氣，有助於延續啜吸的作用。此動作能將口腔中的空氣強迫推送至鼻腔，給鼻子更多機會以鼻後嗅覺感知香氣。深深吸一口氣，啜吸咖啡，吞嚥，然後慢慢以鼻子呼氣。這麼做能延長風味感知的時間，讓大腦有足夠時間進行神奇的資訊處理與召喚記憶。另外，當專注感受尾韻時，我也喜歡深吸一口氣，並吞嚥（讓口中完全沒有咖啡），再慢慢以鼻子呼氣。

- **讓咖啡來回滑過舌頭**：評鑑口感時，可以再啜飲一口並僅僅專注於口感。啜飲一點咖啡，讓咖啡留在口中，以舌頭推送咖啡。緩慢上下、左右移動舌頭，專心感受舌頭與口腔內壁的觸覺。如果無法分辨口感與風味，可以捏著鼻子以除去嗅覺，專注觸覺體驗。

整體而言，在品飲咖啡並鍛鍊味蕾時，將啜飲次數限制在一或兩次可能有所幫助。咖啡教育機構 CoffeeMind 的感官科學家與《感官基礎》（*Sensory Foundation*）的作者伊達‧史汀（Ida Steen），建議所有咖啡品飲者「小口

啜飲，每一口僅在口中停留數秒」。[15] 這是因為我們的味蕾對第一與二次啜飲最為敏感。她也建議啜飲可間隔 15 〜 60 秒。

其他訣竅

- **讓咖啡稍稍冷卻**：一般而言，高溫會降低風味的感知能力，所以在品飲之前可以讓咖啡稍微冷卻。而且各位也應該不想燙傷嘴巴。史汀建議讓咖啡冷卻至大約 54°C（130°F）再開始品飲。[16] 精品咖啡協會的杯測規則為，咖啡冷卻至 71°C（160°F）在進行品飲，若是杯測，那麼大約是注入熱水後的 8 〜 10 分鐘。這是啜吸的最佳時機，因為此溫度的香氣分子揮發性最高。接著，精品咖啡協會建議可以等咖啡溫度至大約室溫（38°C／100°F），再進行其他項目的評鑑，一旦咖啡溫度降至 21°C（70°F）就該停止品飲。[17] 我們或許不太需要遵守這些規範，但我依舊建議各位在咖啡逐漸冷卻的過程，可以多次品飲同一杯咖啡——這是有趣的練習。我們已經知道咖啡風味會在冷卻的過程跟著轉變，主要是因為不同化合物在不同溫度之下會較為活躍（或不活躍）。透過此練習，各位能體驗咖啡風味的變化過程。

- **別讓感官受到干擾**：避免使用香水或其他帶有強烈氣味的產品，並且避免在品飲前吸菸。強烈的氣味會干擾我們感知咖啡細微的風味，而吸煙則會影響味覺與嗅覺的敏銳度（短期或長期皆是）。[18]

- **避免感官疲勞**：當口腔與鼻腔的感官受器因物理或化學的過度刺激時，就可能出現感官疲勞，使得感官受器偵測效率降低。品飲大量咖啡時，就很可能出現此問題。為了避免，請將每一回合品飲咖啡的數量控制

在三到五種。各位在品飲與嗅聞途中可以休息,讓味蕾與嗅覺受器放鬆一下。不過,別以吃或喝其他味道強烈的食物休息。下一項避免會為各位解釋原因。

- **避免漁翁效應:**先前提到連續品飲風味差異較大的咖啡,可能會強化風味的不同之處。有時,尤其當咖啡風味相似時,可能會使感知混淆。這種情形會在一段時間過後的第一杯咖啡最為明顯。科學研究顯示,品飲者一天第一杯咖啡的風味與香氣會更加強烈。為了避免此現象,可以清潔一下味蕾,或品飲不同咖啡樣本之間休息一下子。常見的味蕾清潔方式包括新鮮水、氣泡水與無鹽餅乾。在品飲不同咖啡樣本之間,清潔味蕾。另外也請避免品飲時進食,因為強烈的風味可能導致味覺適應或抑制釋放效應產生(請見 152 頁)。

找到屬於自己的文字

以三角杯測檢驗自己的分辨能力是一回事,但品飲並**描述**咖啡風味則是完全不同的挑戰。當我們的目的是形容與描述時,就必須運用語言,而本書大部分的內容就是協助各位建立詞彙,並在需要時能準確傳達。不過,在當下找到適合的字詞,才正是最困難的部分。

我整理了一份咖啡品飲資源(第 180 頁),能指引各位逐步品飲一支咖啡。這在學習如何描述風味的初期會十分有益。建議各位將這份資源與咖啡風味輪(第 178 頁)一起使用,找到最適合的字詞。本章節為各位提供進行這項練習的一些指導。

味 蕾 鍛 鍊

認識混合抑制

先前有提到,沒有任何儀器能如同人類一般感知風味。原因之一就是儀器無法模擬人類的風味體驗。混合抑制效應就是這方面的良好解釋方式——而且我覺得也部分解釋了,為何可靠預測咖啡風味會如此困難。混合抑制的意思是,相較於將食物混合一起品嘗,單獨品嘗某種物質的風味感受會比較強烈。大致概念是,風味混合時,會降低單一風味的強度。利用第二章製作的基本味道參考物,任意組合之後,可以親自體驗此現象。

需要準備

- 兩種基本味道參考物,例如1.0%的蔗糖溶液(第45頁),以及0.05%的檸檬酸溶液(第41頁)
- 3個相同杯子

在第一個杯子倒入些許蔗糖溶液,第二個杯子倒入一點檸檬酸溶液,並在第三杯倒入等量的蔗糖與檸檬酸溶液並混合。先品飲蔗糖溶液,並寫下甜味強度。接著,以相同方式先品飲混合溶液,再品飲檸檬酸溶液,並記錄強度。在混合溶液之後品飲的檸檬酸溶液,酸度一樣嗎?

雖然混合溶液的蔗糖濃度(強度)與原本的純蔗糖溶液一樣,但混合溶液的甜味變得較低。檸檬酸溶液的酸味也變得較不明顯了。

- **第一印象，最真實感受**：在深入細細品飲之前（或單純只是想讓過程簡單一些），請記錄第一口咖啡帶來的第一個聯想或最直觀的想法。記得，風味（尤其是香氣）與記憶息息相關。抓住這些最初迸發的靈光，能幫助我們分析後續風味。這也是我最喜歡的**生命體驗**之一。我愛走進某種氣味，然後瞬間被帶回過去的某個時刻。各位也許還記得我提過了那個小故事，某支咖啡讓我想起中學時期在馬場騎馬的回憶，後來我才發現這是因為這支咖啡帶有類似存放在馬場穀倉裡乾草的甜美、泥土、青草風味。如果各位對某種風味產生聯想，請過度思考，直接寫下。接著繼續進行品飲，若是需要，也可以稍後再回頭。

- **切勿忽視顏色聯想**：有時，可能會嘗到某種十分熟悉卻遍尋不著合適字眼的風味。有時，可能會覺得「這嘗起來像紅色」或「讓我想到綠色」。這些往往是相當有用的線索。我們的大腦會將風味與顏色進行聯想，這也是為何咖啡風味輪會採用顏色分類。如果各位覺得某種風味如同「紅色」，請直接找出風味輪紅色調的區域咖啡尋找可能相關的屬性。若是某種風味讓各位想到「深色」或「褐色」，也許可以從烘焙過程產生的褐色屬性著手（烘烤、堅果／可可等等），此類型在風味輪也恰好呈褐色。你的記憶可能會被風味輪的字詞觸發。

- **請從風味輪的中心向外延伸**：記得，風味輪的中心為較廣義的類別，也是本書主要聚焦的部分。雖然我們往往傾向盡量具體描述風味，但其實由中心最廣的分類向外擴展會更為準確。問問自己較廣泛的風味描述，再進一步縮小範圍，例如，「這杯咖啡是酸的或苦的？」、「是否帶有甜味？如果有，有因此想到什麼嗎？例如花香或果香？」、「果

香較強或堅果／可可風味較多？」這僅是幾個例子。例如，如果各位鎖定果香，可以進入下一個更細分的屬性——也許可以深入區分是新鮮水果、果乾或柑橘類屬性。

- **從基本屬性打造起**：如同第四章提到的，許多《咖啡感官辭典》與咖啡風味輪的屬性可以拆解成更簡單的關鍵字。例如，果香的描述為「帶有**甜味**與**花香**，並混合各式成熟水果調性」。此外，我們也知道果香屬性往往會與酸味屬性一同現身。如果各位已經確定某支咖啡帶有果香，也可以進一步探索風味輪的其他部分，例如酸味，看看能否嘗到檸檬酸或蘋果酸。這種方式有助於逐漸聚焦於哪一種水果。反向使用也完全可行。如果能同時確定酸味與甜味，也許可以看看果香類型，也許其中有能喚醒記憶的字詞。

- **記得，咖啡可能具有多重風味**：一杯咖啡能包含不只一種主要風味特質，所以各位可能需要來回多次查看風味輪。

- **別忽略口感！**《咖啡感官辭典》的口感屬性並沒有直接縫在風味輪上。因此，我在我的品飲資源特別為口感屬性留了一個段落。

咖啡是世上最複雜的飲品之一，雖然我們每天都對咖啡多了一點點的了解，但想要全面認識與掌握咖啡風味，也許在未來仍是難以達成的目標。然而，我們能更廣泛、帶著思考與有意識地品飲咖啡，讓自己更深入理解咖啡，更直覺地接觸咖啡。我希望本書能幫助各位在探索咖啡風味方面，發展自己的味蕾與語言，能以更深刻的方式欣賞每天早晨的那杯咖啡，並能與其他咖啡愛好者更順暢地交流。咖啡最令人興奮的地方之一，就是咖啡杯裡裝的似乎是無限的風味，我們的感官系統也因此獲得近乎無窮的挑戰。讓我們放慢腳步、細細品味，讚嘆大自然的複雜與奧妙，以及我們人類擁有能感知這種奧妙的能力。

致 謝

首先同時也是最重要的，想要給協助完成本書所有練習的工作坊志願參與者一個大大的感謝：**Max Schleicher、Karly Zobrist、Dan Paul、M. Brett Gaffney-Paul、Eric Pallant、Sue Pallant、Eric Schuman、Andrew Russell、Morgan Krehbiel 與 Connie Sintuvant**。各位的回饋珍貴無價，我也相信所有閱讀本書的讀者也都會感謝各位！

同樣感謝我的非正式品飲夥伴們——我的家人——每當我說「嘿，眼睛閉起來，嘗嘗這個」、「乖乖把這個未知食物放到嘴裡」或「告訴我這個氣味讓你想到什麼」，他們總是會好好配合。Andreas，謝謝你總是當我的受測者、駐點咖啡專家與首席白老鼠。若是身邊少了你，我一定無法如此投入撰寫本書——這也是你為我的生命帶來無數的喜悅之一！

感謝我的寫作社團夥伴們，Brenna Lemieux、Janelle Blasdel、Anca Szilagyi 與 Michael Kent。你們都耐著性子閱讀大部分的書稿（而且往往尚未修潤），還提供評論，非常感謝各位銳利的眼光與深思後的回饋。

感謝每一位德保羅大學（DePaul University）的圖書館管理員，幫助我找出隱密的感官科學文章，多謝精品咖啡協會同意讓我參與感官研討會（Sensory

Summit）與複印「咖啡風味輪」，感謝世界咖啡研究中心讓我根據《咖啡感官辭典》創造內容，也多謝 First Crack 讓我為了本書參加他們的感官基礎與中級課程。我也十分感激 Psyche 雜誌（psyche.co）委託我撰寫一篇關於如何享受咖啡的文章，讓我開始整理思緒，也才進一步有了本書。也謝謝范德堡大學（Vanderbilt University）的咖啡公平實驗室（Coffee Equity Lab）邀請我參加公平獲取咖啡產業資訊與教育的小組研討。我是業餘咖啡愛好者的代表，而我與 Brian Gaffney、Glitter Cat Barista 的 Veronica Grimm，以及 Perfect Daily Grind 的 Julio Guevara 等人的對話，持續鼓舞我繼續撰寫本書的計畫，並相信我身為局外人的視角有其價值（有時真的很難做到）。

多謝我的出版商 Doug Seibold，以及 David Schlesinger、Karen Wise 及 Amanda Gibson，幫我一起打磨擦亮本書。書中若仍有任何錯誤，皆為我之責任。尤其感謝 Morgan Krehbiel，感謝你為本書設計封面與內頁，以及繪製書中的插圖。你的才華無限。

最後，感謝你，感謝每一位曾經閱讀、購買、推薦或評論《精萃咖啡：深入剖析 10 種咖啡器材，自家沖煮咖啡玩家最佳指南》的你們，你們就是最棒的！

延伸閱讀

以下參考資料都對我進行本書研究有直接幫助,並且／或能投入某個只有該書涉略到的概念。如果各位對於感官感知方面有更深入的興趣,以下參考資料都是極佳起點!

《Chemesthesis: Chemical Touch in Food and Eating》,Shane T. McDonald、David A. Bolliet 與 John E. Hayes(編輯)。化學感知的近期研究與認識之整體介紹,化學感知即為體感的「化學觸感」方面。雖然目標讀者主要為學術領域,但我發現大多內容都頗為易讀。

《咖啡感官與杯測手冊》(*Coffee Sensory and Cupping Handbook*),Mario Roberto Fernández-Alduenda 與 Peter Giuliano。精品咖啡協會出版的咖啡杯測與感官科學概述。目標讀者為咖啡專業人士與科學家,但消費者也能從中讀到有趣的內容。

《口感科學:透視剖析食物質地,揭開舌尖美味的背後奧祕》(*Mouthfeel: How Texture Makes Taste*),Ole G. Mouritsen 與 Klavs Styrbæk。一本非常酷的分析,關於我們口腔觸覺的運作方式。不僅是一本有趣的書,也是該領域最近期的科學研究綜合實用介紹。

《神經美食學:米其林主廚不告訴你的美味科學》(*Neurogastronomy: How the Brain Creates Flavor and Why It Matters*),Gordon M.

Shepherd。關於我們風味感知的精彩探索，由一位發展科學新領域神經美食學的研究者撰寫。作者 Shepherd 於 2022 年 6 月逝世，當時我正在撰寫本書初稿。

《Tasting and Smelling: Handbook of Perception and Cognition》，第二版，Gary K. Beauchamp 與 Linda Bartoshuk。一本撰寫關於我們味覺與嗅覺系統如何運作的整體概述，內容十分優質，目標讀者為學術領域。於 1977 年出版，因此部分細節可能已過時，但依舊是想要了解味覺與嗅覺感知模式的讀者很不錯的起點。

The Coffee Sensorium（@thecoffeesensorium），Fabiana Carvalho 的 Instagram 社交平台帳號，她是一位神經科學家，研究領域為風味與多重感官，並專注於精品咖啡（以及巧克力）。她做過大量相當有趣的研究，並幫助咖啡專業人士與消費者溝通咖啡的感官特質。

《嗅覺之謎：生物演化與免疫基因；社會學與文化史；品牌行銷到未來科技，探索氣味、記憶與情緒的嗅覺心理學》（The Scent of Desire: Discovering Our Enigmatic Sense of Smell），Rachel Herz。探索常受到我們低估的嗅覺系統。

《Water for Coffee》，Maxwell Colonna-Dashwood 與 Christopher H. Hendon。如果各位想了解水化學如何影響咖啡沖煮，這是最棒的參考書。該書科學內容含量頗高，但呈現方式讓一般讀者都能理解。

世界咖啡研究中心的《咖啡感官辭典》。咖啡屬性與參考物的產業參考。最新版本可在世界咖啡研究中心網站免費取得。

專有名詞

Acidity（酸質）：一杯咖啡帶有的酸味感受。

Aftertaste（尾韻，咖啡品飲）：一口咖啡入喉後，在口中停留的風味感受；也是咖啡品飲的最終階段。

Aroma（濕香，咖啡品飲）：咖啡品的的第二階段，也就是在啜飲咖啡之前現煮咖啡的香氣；也請見 fragrance（乾香）、olfaction（嗅覺）。

Astringency（澀感）：舌頭感受到的乾燥感；也請見 chemesthesis（化學感知）。

Basic tastes（基本味道）：甜味、酸味、苦味、鹹味與鮮味；由味覺受器偵測到味道分子而產生。

Blend（配方豆）：由至少兩支不同咖啡豆（品種、產地等等）混合而成；由烘豆師所調配，以做出全年度穩定的產品。

Blinded tasting（盲品）：在不知道咖啡豆資訊狀態之下的品飲。

Body（醇厚度）：咖啡的觸覺特質，尤其是厚度與質地；也請見 mouthfeel（口感）。

Chemesthesis（化學感知）：我們體感系統對於化學刺激產生的反應，不同於物理刺激；辣椒的辣椒素所產生的灼熱感受就是一例。

Coffee sensory science（咖啡感官科學）：了解人類如何以味覺、嗅覺、觸覺（口感）、視覺與聽覺感官感受咖啡的研究分支。

Coffee Taster's Flavor Wheel（咖啡風味輪）：由精品咖啡協會與世界咖啡研究中心開發出的視覺圖表，幫助品飲者辨識咖啡的風味屬性。

Cupping（杯測）：一種沖煮與品飲咖啡的方式，目的是在限制偏見的狀態之下進行專業咖啡生豆評鑑。

Descriptive tasting（描述性品飲）：目標在於清楚形容咖啡樣本之間差異為何的品飲方式。

Discriminative tasting（辨別性品飲）：目標在於判斷咖啡樣本之間是否有差異的品飲方式。

Dose（咖啡粉量）：沖煮一杯咖啡所需的咖啡粉量。

Dry processing（日曬後製處理）：一種咖啡生豆後製處理技術，讓咖啡果肉留在種子上進行乾燥，再行去除；也稱為 natural processing。

Extraction（萃取）：混合水與咖啡粉，目標為把咖啡粉（固體）的風味化合物轉移至水（液體）；也稱為萃取率，計算多少咖啡粉的咖啡物質進入一杯咖啡的數值。

Flavor（風味）：一般而言，這是讓我們能辨認出正在吃或喝進什麼的感官接收（尤其是味覺、嗅覺與口感）組合；在特指咖啡品飲時，此為品飲的第三階段，也就是啜飲咖啡入口時。

Flavor notes（風味關鍵字）：用來描述咖啡風味的字詞。

Fragrance（乾香）：咖啡品飲的第一階段，也就是現磨咖啡粉的香氣；也請見 aroma（濕香）、olfaction（嗅覺）。

Green coffee（咖啡生豆）：未烘焙的咖啡豆。

Gustation（味覺）：我們的味道感知。

Hedonic value（享受價值）：感官感受享受或不享受的描述。

Insoluble（不可溶）：無法溶解於液體，尤其是水。

Intensity（強度）：描述感官感受的程度。

Le Nez du Café（咖啡聞香瓶）：一種感官工具，包含三十六種香氣；咖啡專業人士用以訓練嗅覺。

Maillard reactions（梅納反應）：氨基酸與還原糖（reducing sugars）的一組化學反應；產生烹煮時食物轉褐的階段與風味。

Mouthfeel（口感）：口腔所有體感感受總稱的一般用語，在咖啡界，尤其代表溫度、澀感、厚度與質地；也請見 body（醇厚度）。

Odor（氣味）：用來代表嗅覺感受的一般用語。

Odorants（氣味分子）：與嗅覺受器反應的化學化合物。

Olfaction（嗅覺）：我們的嗅聞感受；也請見 orthonasal olfaction（鼻前嗅覺）、retronasal olfaction（鼻後嗅覺）。

Orthonasal olfaction（鼻前嗅覺）：透過鼻子吸入氣味分子進入鼻腔而產生氣味感受。

Overextraction（過度萃取）：當咖啡粉與水的接觸時間過長時發生，沖煮出的咖啡將不討喜、帶苦味與澀感。

Palate（味蕾）：感官受器與大腦的連結。

Physiology（生理學）：我們的身體部位之功能。

Retronasal olfaction（鼻後嗅覺）：當鼻子呼氣時，氣味分子從口腔進入鼻腔而產生氣味感受。

Sensory attributes（感官屬性）：品飲咖啡時，我們描述風味與香氣特質所使用的字詞；也請見 sensory reference（感官參考物）。

Sensory literacy（感官能力）：辨識與描述風味的能力。

Sensory modality（感官模式）：另一種代表「感受」的字詞；用於感官互相交換。

Sensory reference（感官參考物）：用於代表感官屬性的可嗅聞或可品嘗特定物品。

Single-origin coffee（單品豆）：來自單一地點的咖啡豆；強調種植咖啡樹的時期與地區的特質。

Soluble（可溶）：可溶解於液體，尤其是水。

Somatosensation（體感）：我們的觸覺感受。

Specialty Coffee Association（精品咖啡協會，SCA）：服務並代表全球精品咖啡產業的專業組織。

Strength（強度）：醇厚度的特質；一種計算一杯咖啡整體溶解固體（TDS）的數值。

Supertaster（超級味覺者）：基因傾向讓這類人對於味覺的感受強度比一般人高。

Tastants（味道分子）：與味覺受器反應的化學化合物。

Threshold（閾值／門檻）：一個人對於感官刺激的敏感度；低閾值之人能在低濃度偵測與辨識味道與氣味，高閾值則需要高濃度。

Triangulation（三角杯測）：區分式的品飲，品飲者的目標是辨識出三杯一組中，哪一杯不同。

Underextraction（萃取不足）：當咖啡粉與水的接觸時間過短，使得沖煮出的咖啡帶有不討喜的酸味。

Volatile compounds（揮發性化合物）：容易蒸發，或是容易從液態或固態轉為氣態；氣味分子就是帶有氣味的揮發性化合物。

Wet processing（水洗後製處理）：一種咖啡生豆後製處理技術，先除去種子上的咖啡果肉，再進行乾燥；也稱為 washed processing。

World Coffee Research *Sensory Lexicon*（世界咖啡研究中心的《咖啡感官辭典》）：由世界咖啡研究中心出版的文獻，其中包括已從咖啡辨識出的 110 個感官屬性，以及對應的感官參考物。

咖啡風味輪

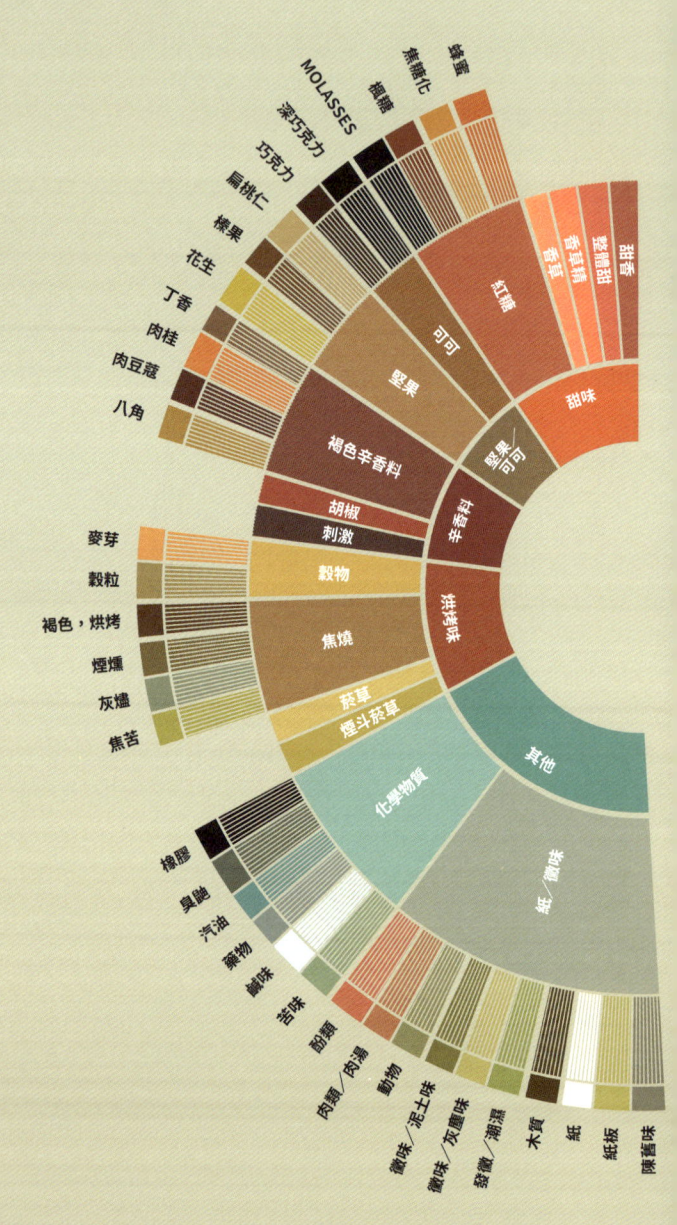

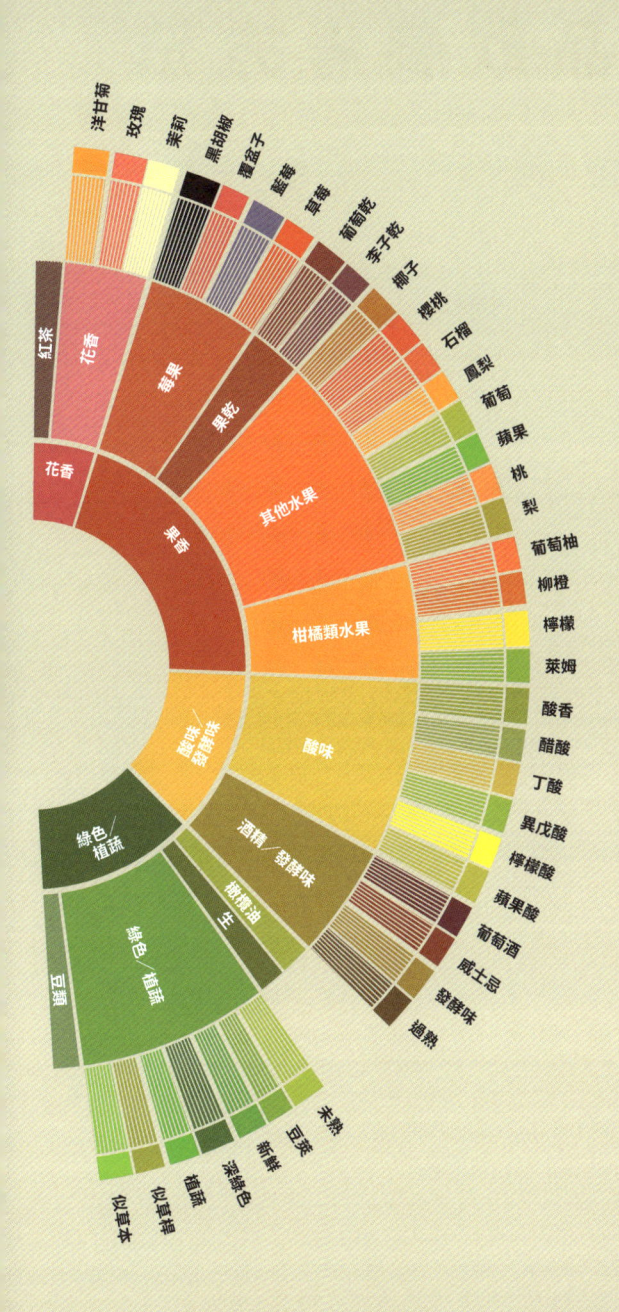

The Coffee Taster's Flavor Wheel by the SCA and WCR (©2016–2020)

咖啡品飲參考方法

咖啡豆

烘豆商:
例如：Onyx Coffee Lab

海拔:
例如：1,859公尺

產地單品／配方:
例如：瓜地馬拉

品種:
例如：藝伎

莊園:
例如：El Socorro

烘豆日期:
例如：2023/12/28

地點／日期:
例如：家、Dayglow咖啡店等等

沖煮方式:
例如：手沖、法式濾壓等等

風味第一印象

在各位嗅聞與品飲咖啡後，此表格有助於各位整理風味感受的思緒。使用此表格無須過於在意字詞是否正確。各位對風味的第一個記憶、聯想等等，都是風味第一印象的絕佳起點。

乾香

濕香

風味

尾韻

直接在以下量尺標記各項咖啡品質的分數。

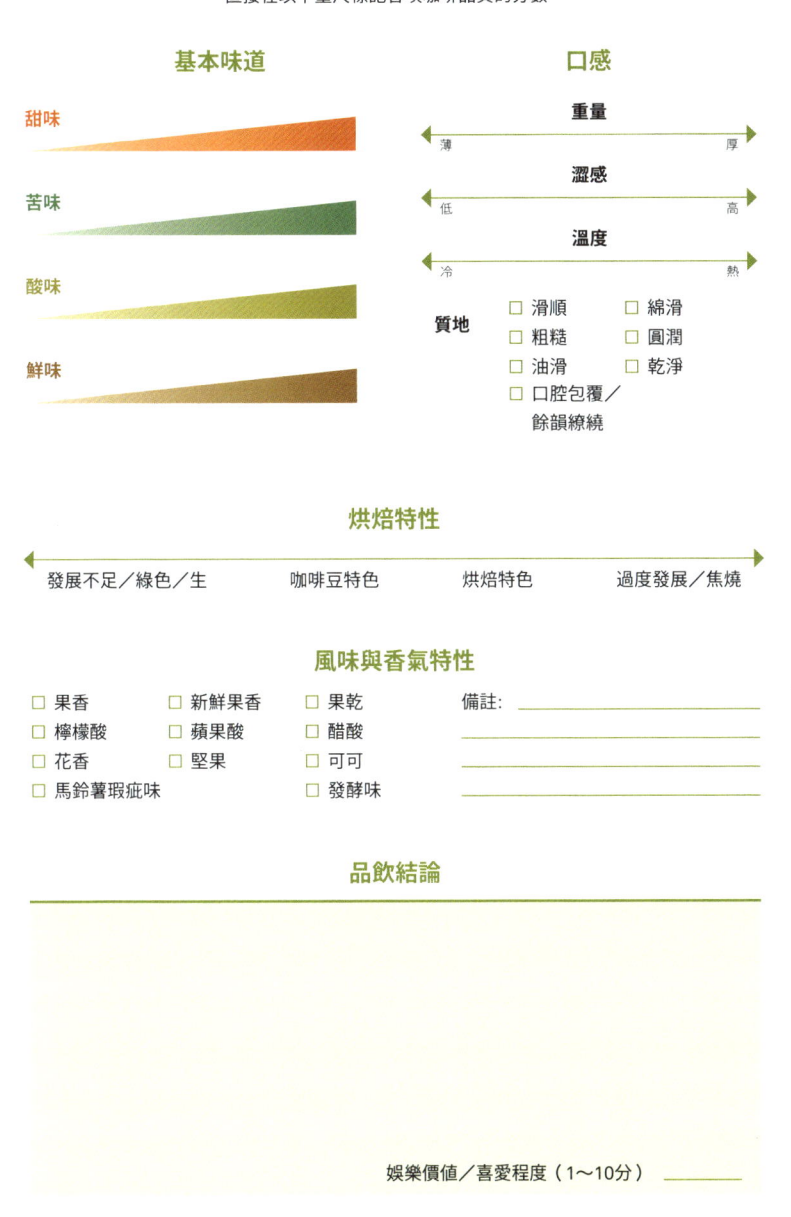

基本味道

甜味

苦味

酸味

鮮味

口感

重量
薄　　　　　　　　厚

澀感
低　　　　　　　　高

溫度
冷　　　　　　　　熱

質地
☐ 滑順　　☐ 綿滑
☐ 粗糙　　☐ 圓潤
☐ 油滑　　☐ 乾淨
☐ 口腔包覆／
　餘韻繚繞

烘焙特性

發展不足／綠色／生　　咖啡豆特色　　烘焙特色　　過度發展／焦燒

風味與香氣特性

☐ 果香　　　☐ 新鮮果香　☐ 果乾　　備註：＿＿＿＿＿＿＿＿＿＿
☐ 檸檬酸　　☐ 蘋果酸　　☐ 醋酸　　　　　＿＿＿＿＿＿＿＿＿＿
☐ 花香　　　☐ 堅果　　　☐ 可可　　　　　＿＿＿＿＿＿＿＿＿＿
☐ 馬鈴薯瑕疵味　　　　　☐ 發酵味　　　　＿＿＿＿＿＿＿＿＿＿

品飲結論

娛樂價值／喜愛程度（1～10分）＿＿＿＿

咖啡品飲參考方法

註腳

本書簡介

1. Mario Roberto Fernández-Alduenda and Peter Giuliano, *Coffee Sensory and Cupping Handbook* (Irvine, CA: Specialty Coffee Association, 2021), 8.
2. Fernández-Alduenda and Giuliano, *Cupping Handbook*, 9.
3. Fernández-Alduenda and Giuliano, *Cupping Handbook*, 20.

第一章

1. Mario Roberto Fernández-Alduenda and Peter Giuliano, *Coffee Sensory and Cupping Handbook* (Irvine, CA: Specialty Coffee Association, 2021), 6.
2. Fernández-Alduenda and Giuliano, *Cupping Handbook*, 7.
3. Fernández-Alduenda and Giuliano, *Cupping Handbook*, 43.
4. Harry T. Lawless and Hildegarde Heymann, *Sensory Evaluation of Food* (New York: Springer, 2010).
5. Fernández-Alduenda and Giuliano, *Cupping Handbook*, 37.
6. Fernández-Alduenda and Giuliano, *Cupping Handbook*, 41.
7. K. Talavera, Y. Ninomiya, C. Winkel, T. Voets, and B. Nilius, "Influence of Temperature on Taste Perception," *Cellular and Molecular Life Sciences* 64, no. 4 (December 2006): 377–381, doi.org/10.1007/s00018-006-6384-0.
8. Fernández-Alduenda and Giuliano, *Cupping Handbook*, 37.
9. Fernández-Alduenda and Giuliano, *Cupping Handbook*, 37.

第二章

1. Beverly J. Cowart, "Taste, Our Body's Gustatory Gatekeeper," Dana Foundation, April 1, 2005, dana.org/article/taste-our-bodys-gustatory-gatekeeper.

2   Bijal P. Trivedi, "Gustatory System"; Kumiko Ninomiya, "Science of Umami Taste: Adaptation to Gastronomic Culture," *Flavour* 4, no. 13 (January 2015), doi.org/10.1186/2044-7248-4-13.

3   Mario Roberto Fernández-Alduenda and Peter Giuliano, *Coffee Sensory and Cupping Handbook* (Irvine, CA: Specialty Coffee Association, 2021), 47–48; Yvonne Westermaier, "Taste Perception: Molecular Recognition of Food Molecules," Chemical Education 75, no. 6 (2021): 552–553, doi.org/10.2533/chimia.2021.552.

4   Gary K. Beauchamp and Linda Bartoshuk, *Tasting and Smelling* (San Diego: Academic Press, 1997), 30.

5   Cowart, "Taste."

6   Cowart, "Taste."

7   Appalaraju Jaggupilli, Ryan Howard, Jasbir D. Upadhyaya, Rajinder P. Bhullar, and Prashen Chelikani, "Bitter Taste Receptors: Novel Insights into the *Biochemistry* and Pharmacology," *International Journal of Biochemistry & Cell Biology* 77, part B (August 2016): 184–196, doi.org/10.1016/j.biocel.2016.03.005.

8   Laurianne Paravisini, Ashley Soldavini, Julie Peterson, Christopher T. Simons, and Devin G. Peterson, "Impact of Bitter Tastant Sub-Qualities on Retronasal Coffee Aroma Perception," PLOS One 14, no. 10 (2019), doi.org/10.1371/journal.pone.0223280.

9   Alina Shrourou, "Scientists Identify Receptor Responsible for Bitter Taste of Epsom Salt," News-Medical, April 8, 2019, www.news-medical.net/news/20190408/Scientists-identify-receptor-responsible-for-bitter-taste-ofc2a0Epsom-salt.aspx.

10 Sara Marquart, "Bitterness in Coffee: Always a Bitter Cup?" Virtual Sensory Summit, Specialty Coffee Association, 2020.

11 Marquart, "Bitterness in Coffee."

12 Marquart, "Bitterness in Coffee."

13 Paravisini et al., "Impact of Bitter Tastant Sub-Qualities."

14 Fernández-Alduenda and Giuliano, *Cupping Handbook*, 49.

15 Mackenzie E. Batali, Andrew R. Cotter, Scott C. Frost, William D. Ristenpart, and Jean-Xavier Guinard, "Titratable Acidity, Perceived Sourness, and Liking of Acidity in Drip Brewed Coffee," *ACS Food Science & Technology* 1, no. 4 (March 2021): 559–569, doi.org/10.1021/acsfoodscitech.0c00078.

16 Melania Melis and Iole Tomassini Barbarossa, "Taste Perception of Sweet, Sour, Salty, Bitter, and Umami and Changes Due to l-Arginine Supplementation, as a Function of Genetic Ability to Taste 6-n-Propylthiouracil," *Nutrients* 9, no. 6 (June 2017): 541, doi.org/10.3390/nu9060541.

17 Fernández-Alduenda and Giuliano, *Cupping Handbook*, 49.

18 Fernández-Alduenda and Giuliano, *Cupping Handbook*, 49.

19 Edith Ramos Da Conceicao Neta, Suzanne D. Johanningsmeier, and Roger F. McFeeters, "The Chemistry and Physiology of Sour Taste: A Review," *Journal of Food Science* 72, no. 2 (March 2007): R33–R38, doi.org/10.1111/j.1750-3841.2007.00282.x.

20 Roberto A. Buffo and Claudio Cardelli-Freire, "Coffee Flavour: An Overview," *Flavour and Fragrance Journal* 19, no. 2 (March 2004): 100, doi.org/10.1002/ffj.1325.

21 Batali et al., "Titratable Acidity."

22 "Acids and Bases," Biology Corner, accessed August 25, 2020, www.biologycorner.com/worksheets/acids_bases_coloring.html.

23 Batali et al., "Titratable Acidity."

24 Batali et al., "Titratable Acidity."

25 Fernández-Alduenda and Giuliano, *Cupping Handbook*, 49.

26 Melis and Barbarossa, "Taste Perception."

27 Cowart, "Taste."

28 Allen A. Lee and Chung Owyang, "Sugars, Sweet Taste Receptors, and Brain Responses," *Nutrients* 9, no. 7 (July 2017): 653, doi.org/10.3390/nu9070653.

29 Lee and Owyang, "Sugars."

30 Julie A. Mennella, Danielle R. Reed, Phoebe S. Mathew, Kristi M. Roberts, and Corrine J. Mansfield, "'A Spoonful of Sugar Helps the Medicine Go Down': Bitter Masking by Sucrose among Children and Adults," *Chemical Senses* 40, no. 1 (January 2015): 17–25, doi.org/10.1093/chemse/bju053.

31 Specialty Coffee Association, "Less Strong, More Sweet," *25 Magazine*, November 28, 2019, https://sca.coffee/sca-news/25-magazine/issue-11/less-strong-more-sweet.

32 Specialty Coffee Association, "Less Strong."

33 Fernández-Alduenda and Giuliano, *Cupping Handbook*, 50.

34 "How Is It That Coffee Still Tastes Sweet, Even Though in Scientific Literature We're Told All—Or Almost All—the Sugars Have Been Caramelised," Barista Hustle, November 16, 2018, www.baristahustle.com/knowledgebase/how-is-it-that-coffee-still-tastes-sweet.

35 Specialty Coffee Association, "The Coffee Science Foundation Announces New 'Sweetness in Coffee' Research with the Ohio State University," SCA.coffee, December 20, 2022, sca.coffee/sca-news/the-coffee-science-foundation-announces-new-sweetness-in-coffee-research.

36 Melis and Barbarossa, "Taste Perception."

37 "Taste and Flavor Roles of Sodium in Foods: A Unique Challenge to Reducing Sodium Intake," in *Strategies to Reduce Sodium Intake in the United States*, eds. Jane E. Henney, Christine L. Taylor, and Caitlin S. Boon (Washington, DC: The National Academies Press, 2010).

38 Jeremy M. Berg, John L. Tymoczko, and Lubert Stryer, "Taste Is a Combination of Senses that Function by Different Mechanisms," in *Biochemistry*, 5th ed. (New York: W. H. Freeman, 2020).

39 "Why Your Coffee Tastes Salty + How to Fix It," Angry Espresso, accessed August 25, 2022, www.angryespresso.com/post/why-your-coffee-tastes-salty-how-to-fix-it.

40 Melis and Barbarossa, "Taste Perception."

41 Nirupa Chaudhari, Elizabeth Pereira, and Stephen D. Roper, "Taste Receptors for Umami: The Case for Multiple Receptors," *American Journal of Clinical Nutrition* 90, no. 3 (September 2009): 738S–742S, doi.org/10.3945/ajcn.2009.27462H.

42 Chaudhari, Pereira, and Roper, "Taste Receptors for Umami."

43 "Umami: The 5th Taste Loved by a World Barista Champion: In 3 Videos," Perfect Daily Grind, July 1, 2016, perfectdailygrind.com/2016/07/umami-the-5th-taste-loved-by-a-world-barista-champion-in-3-videos.

44 Nicholas Archer, "Blame It on Mum and Dad: How Genes Influence What We Eat," The Conversation, September 28, 2015, theconversation.com/blame-it-on-mum-and-dad-how-genes-influence-what-we-eat-45244.

45 Archer, "Blame It."

46 Students of PSY 3031, "Supertasters," in *Introduction to Sensation & Perception*, University of Minnesota, pressbooks.umn.edu/sensationandperception.

47 L. C. Kaminski, S. A. Henderson, and A. Drewnowski, "Young Women's Food Preferences and Taste Responsiveness to 6-n-propylthiouracil (PROP)," *Physiology and Behavior* 68, no. 5 (March 2000): 691–697, doi.org/10.1016/S0031-9384(99)00240-1; Diane Catanzaro, Emily C. Chesbro, and Andrew J. Velkey, "Relationship Between Food Preferences and Prop Taster Status of College Students," Appetite 68 (September 2013): 124–131, doi.org/10.1016/j.appet.2013.04.025; Agnes Ly and Adam Drewnowski, "PROP (6-n-Propylthiouracil) Tasting and Sensory Responses to Caffeine, Sucrose, Neohesperidin Dihydrochalcone and Chocolate," *Chemical Senses* 26, no. 1 (January 2001): 41–47, doi.org/10.1093/chemse/26.1.41.

48 這項練習由品飲專家 Beth Kimmerle 修改。各位可以在網址「youtu.be/MtMkU-1p7-0」，即頻道 Wired 的「Taste Support」觀看他針對此練習的操作影片。

49 Catamo Eulalia, Navarini Luciano, Gasparini Paolo, and Robino Antonietta, "Are Taste Variations Associated with the Liking of Sweetened and Unsweetened Coffee?" *Physiology and Behavior* 244 (February 2022), doi.org/10.1016/j.physbeh.2021.113655.

50 Jie Li, Nadia A. Streletskaya, and Miguel I. Gómez, "Does Taste Sensitivity Matter? The Effect of Coffee Sensory Tasting Information and Taste Sensitivity on Consumer Preferences," *Food Quality and Preference* 71 (January 2019): 447–451, doi.org/10.1016/j.foodqual.2018.08.006;"Global Variation in Sensitivity to Bitter- Tasting Substances (PTC or PROP)," National Institute on Deafness and Other Communication Disorders，最近更新日期：June 7, 2010，https://www.nidcd.nih.gov/health/statistics/global-variation-sensitivity-bitter-tasting-substances-ptc-or-prop.

51 Nicola Temple and Laurel Ives, "Why Does the World Taste So Different?" *National Geographic*，最近更新日期：July 14, 2021，www.nationalgeographic.co.uk/travel/2018/07/why-does-the-world-taste-so-different.

52 Dunyaporn Trachootham, Shizuko Satoh-Kuriwada, Aroonwan Lam-ubol, Chadamas Promkam, Nattida Chotechuang, Takashi Sasano, and Noriaki Shoji, "Differences in Taste Perception and Spicy Preference: A Thai–Japanese Cross-Cultural Study," *Chemical Senses* 43, no. 1 (January 2018): 65–74, doi.org/10.1093/chemse/bjx071.

53 例子請見 Pierre Bourdieu, *The Logic of Practice*, trans. Richard Nice (Stanford, CA: Stanford University Press, 1990).

54 Karolin Höhl and Mechthild Busch-Stockfisch, "The Influence of Sensory Training on Taste Sensitivity," *Ernahrungs Umschau* 62, no. 12 (2015): 208–215, doi.org/10.4455/eu.2015.035.

55 "Taste and Flavor Roles."

56 "Can You Train Yourself to Like Foods You Hate?" BBC Food, accessed August 29, 2022, www.bbc.co.uk/food/articles/taste_flavour.

第三章

1 Christopher R. Loss and Ali Bouzari, "On Food and Chemesthesis: Food Science and Culinary Perspectives," in *Chemesthesis: Chemical Touch in Food and Eating*, eds. Shane T. McDonald, David A. Bolliet, and John E. Hayes (Hoboken, NJ: Wiley-Blackwell, 2016), 250.

2 Ole G. Mouritsen and Klavs Styrbæk, *Mouthfeel*: How Texture Makes Taste (New York: Columbia University Press, 2017), 4.

3 C. Bushdid, M. O. Magnasco, L. B. Vosshall, and A. Keller, "Humans Can Discriminate More Than One Trillion Olfactory Stimuli," *Science* 343, no. 6177 (2014): 1370–1372, doi.org/10.1126/science.1249168.

4 Andrea Büttner, ed., *Springer Handbook of Odor* (New York: Springer, 2017).

5 Mouritsen and Styrbæk, *Mouthfeel*, 4; Peter Tyson, "Dogs' Dazzling Sense of Smell," PBS, October 3, 2012, www.pbs.org/wgbh/nova/article/dogs-sense-of-smell.

6 Gordon M. Shepherd, *Neurogastronomy: How the Brain Creates Flavor* (New York: Columbia University Press, 2012)，尤其是第六、七與八章。強烈建議可以將此書當作風味科學總覽，我尚未有勇氣在此為該書寫下概述。

7 Büttner, *Handbook of Odor*.

8 Charles Spence, "Just How Much of What We Taste Derives from the Sense of Smell?" *Flavour* 4, no. 30 (2015), doi.org/10.1186/s13411-015-0040-2.

9 Meredith L. Blankenship, Maria Grigorova, Donald B. Katz, and Joost X. Maier, "Retronasal Odor Perception Requires Taste Cortex but Orthonasal Does Not," *Current Biology* 29, no. 1 (2019): 62–69, doi.org/10.1016/j.cub.2018.11.011.

10 Mario Roberto Fernández-Alduenda and Peter Giuliano, *Coffee Sensory and Cupping Handbook*, (Irvine, CA: Specialty Coffee Association, 2021), 43.

11 Fernández-Alduenda and Giuliano, *Cupping Handbook*, 43.

12 Fernández-Alduenda and Giuliano, *Cupping Handbook*, 43.

13 Fernández-Alduenda and Giuliano, *Cupping Handbook*, 43。不常見的強烈異味，往往都與風味缺陷與瑕疵味有關。

14 Fernández-Alduenda and Giuliano, *Cupping Handbook*, 43–45.

15 Mouritsen and Styrbæk, *Mouthfeel*, 22.

16 Jie Liu, Peng Wan, Caifeng Xie, and De-Wei Chen, "Key Aroma-Active Compounds in Brown Sugar and Their Influence on Sweetness," *Food Chemistry* 345 (2021), doi.org/10.1016/j.foodchem.2020.128826.

17 Mouritsen and Styrbæk, *Mouthfeel*, 5

18 Shepherd, *Neurogastronomy*, 131.

19 Fernández-Alduenda and Giuliano, *Cupping Handbook*, 52.

20 Christopher T. Simons, Amanda H. Klein, Earl Carstens, "Chemogenic Subqualities of Mouthfeel," *Chemical Senses* 44, no. 5 (2019): 281–288, doi.org/10.1093/chemse/bjz016.

21 Steven Pringle, "Types of Chemesthesis II: Cooling," *in Chemesthesis: Chemical Touch in Food and Eating* (Hoboken, NJ: Wiley-Blackwell, 2016); Mouritsen and Styrbæk, *Mouthfeel*, 5.

22 Christopher T. Simons and Earl Carstens, "Oral Chemesthesis and Taste," in *The Senses: A Comprehensive Reference*, 2nd ed. (Cambridge, MA: Elsevier, 2020), doi.org/10.1016/B978-0-12-809324-5.24138-2.

23 Mouritsen and Styrbæk, *Mouthfeel*, 8–9; try the chip experiment with a friend!

24 此概念更深入的認識，請見 *Chemesthesis: Chemical Touch in Food and Eating*, eds. Shane T. McDonald, David A. Bolliet, and John E. Hayes (Hoboken, NJ: Wiley-Blackwell, 2016).

25 Simons, Klein, and Carstens, "Chemogenic Subqualities."

26 Simons, Klein, and Carstens, "Chemogenic Subqualities."

27 E. Carstens, "Overview of Chemesthesis with a Look to the Future," *in Chemesthesis: Chemical Touch in Food and Eating* (Hoboken, NJ: Wiley-Blackwell, 2016).

28 Fernández-Alduenda and Giuliano, *Cupping Handbook*, 49.

29 Carlos Guerreiro, Elsa Brandão, Mónica de Jesus, Leonor Gonçalves, Rosa Pérez-Gregório, Nuno Mateus, Victor de Freitas, and Susana Soares, "New Insights into the Oral Interactions of Different Families of Phenolic Compounds: Deepening the Astrin- gency Mouthfeels," *Food Chemistry* 375 (2022), doi.org/10.1016/j.foodchem.2021.131642.

30 Yue Jiang, Naihua N. Gong, and Hiroaki Matsunami, "Astringency: A More Stringent Definition," *Chemical Senses* 39, no. 6 (2014): 467–469, doi.org/10.1093/chemse/bju021.

31 Mouritsen and Styrbæk, *Mouthfeel*, 21.

32 請見 sca.coffee/research/protocols-best-practices.

33 "What Is Astringency?" Coffee ad Astra，瀏覽網頁日期：August 29, 2022，coffeeadastra.com/2019/11/12/what-is-astringency.

34 Fernández-Alduenda and Giuliano, *Cupping Handbook*, 54.

35 "What Is Astringency?"

36 Fernández-Alduenda and Giuliano, *Cupping Handbook*, 53.

37 Alina Surmacka Szczesniak, "Texture Is a Sensory Property," *Food Quality and Preference* 13, no. 4 (2002): 215–225, doi.org/10.1016/S0950-3293(01)00039-8：我將該研究的多個表格統合整理成一個表格，並聚焦於我曾聽咖啡人說過的術語。

38 世界咖啡研究中心的《咖啡感官辭典》中確實包括了幾項口感詞條，但如我說的，並不詳盡。

39 Roberto A. Buffo and Claudio Cardelli-Freire, "Coffee Flavour: An Overview," *Flavour and Fragrance Journal* 19, no. 2 (March 2004): 100, doi.org/10.1002/ffj.1325; Fernández-Alduenda and Giuliano, *Cupping Handbook*, 53.

40 Andréa Tarzia, Maria Brígida Dos Santos Scholz, and Carmen Lúcia De Oliveira Petkowicz, "Influence of the Postharvest Processing Method on Polysaccharides and Coffee Beverages," *International Journal of Food Science and Technology* 45, no. 10 (2010): 2167–2175, doi.org/10.1111/j.1365-2621.2010.02388.x; Josef Mott, "Under- standing Body in Coffee and How to Roast for It," Perfect Daily Grind, June 17, 2020, perfectdailygrind.com/2020/06/understanding-body-in-coffee-and-how-to-roast-for-it.

41 Mott, "Understanding Body."

42 Shepherd, *Neurogastronomy*, 5.

43 Shepherd, *Neurogastronomy*, 113–114.

44 Shepherd, *Neurogastronomy*, 123；感官混合也會在視覺刺激方面（如顏色）發揮作用。第 101 頁也有討論咖啡如何嘗起來像「紅色」或「褐色」。也是因此聯想，咖啡風味輪是以顏色分類呈現。

45 Mouritsen and Styrbæk, *Mouthfeel*, 20.

46 Shepherd, *Neurogastronomy*, 122；在撰寫本書之際，Fabiana Carvalho 博士正在研究精品咖啡領域的跨模式影響。

47 Shepherd, *Neurogastronomy*, 155.

48 Shepherd, *Neurogastronomy*, 159；提醒各位，聽覺與視覺對風味也會有影響，但這方面並不是本書重點。

49 Shepherd, *Neurogastronomy*, 157.

50　Shepherd, *Neurogastronomy*, 124.

51　Colleen Walsh, "What the Nose Knows," *Harvard Gazette*, February 27, 2020, news.harvard.edu/gazette/story/2020/02/how-scent-emotion-and-memory-are-intertwined-and-exploited.

52　Yasemin Saplakoglu, "Why Do Smells Trigger Strong Memories?" Live Science, December 8, 2019, www.livescience.com/why-smells-trigger-memories.html；如果各位有興趣深入了解嗅覺與情緒，可以參考這本由 Rachel Herz 所著的《嗅覺之謎》（*The Scent of Desire*）。

53　萬一各位不知道：乾草的目的是動物飼料，草桿則是採收時的副產物，例如穀物採收，草桿捆綁成束之後，主要作為鋪墊動物休息區（以及秋季假日裝飾）。兩者聞起來十分相似：乾燥、黴味、大地味。

54　Wenny B. Sunarharum, David J. Williams, and Heather E. Smyth, "Complexity of Coffee Flavor: A Compositional and Sensory Perspective," *Food Research International* 62 (2014): 315–325, doi.org/10.1016/j.foodres.2014.02.030.

55　如果各位有興趣看看化學與香氣描述列表，可以參考 *Coffee: Production, Quality and Chemistry* 的第 33 章。此處總結了關於辨識咖啡生豆與熟豆香氣揮發性化合物差異的部分研究。請見：doi.org/10.1039/9781782622437.

56　Marino Petracco, "Our Everyday Cup of Coffee: The Chemistry Behind Its Magic," *Journal of Chemical Education* 82, no. 8 (2005), doi.org/10.1021/ed082p1161.

57　Chahan Yeretzian, Sebastian Opitz, Samo Smrke, and Marco Wellinger, "Coffee Volatile and Aroma Compounds: From the Green Bean to the Cup," in *Coffee: Production, Quality and Chemistry* (London: The Royal Society of Chemistry, 2019)；本章節的基本知識源自於此。

58　Sunarharum, Williams, and Smyth, "Complexity of Coffee Flavor."

59　Gilberto V. de Melo Pereira, Dão P. de Carvalho Neto, Antonio I. Magalhães Júnior, Zulma S. Vásquez, Adriane B. P. Medeiros, Luciana P. S. Vandenberghe, Carlos R. Soccol, "Exploring the Impacts of Postharvest Processing on the Aroma Formation of Coffee Beans: A Review," *Food Chemistry* 272 (2019): 441–452, doi.org/10.1016 /j.foodchem.2018.08.061.

60　Pereira et al., "Exploring the Impacts."

61　Thompson Owen, "What Is Dry Processed Coffee?" Sweet Maria's, March 19, 2020, library.sweetmarias.com/what-is-dry-processed-coffee.

62　Angie Katherine Molina Ospina, "Processing 101: What Is Washed Coffee and Why Is It So Popular?" Perfect Daily Grind, December 18, 2018, perfectdailygrind.com/2018/12/processing-101-what-is-washed-coffee-why-is-it-so-popular。咖啡杯測者也會使用「乾淨」一詞，在此脈絡之中，意為「沒有缺陷味」。當我們拿到一杯咖啡時，心裡當然會希望沒有瑕疵味！

63　Pereira et al., "Exploring the Impacts."

64　Petracco, "Our Everyday Cup."

65　Petracco, "Our Everyday Cup"; Pereira et al., "Exploring the Impacts."

66　Buffo and Cardelli-Freire, "Coffee Flavour."

67　Petracco, "Our Everyday Cup."

68 Petracco, "Our Everyday Cup."

69 Sunarharum, Williams, and Smyth, "Complexity of Coffee Flavor."

70 透過三個階段完成：溶解、水解與擴散。精品咖啡協會出版的 *Coffee Brewing: Wetting, Hydrolysis & Extraction Revisited* 有十分清楚的總結。請見 www.scaa.org/PDF /CoffeeBrewing-WettingHydrolysisExtractionRevisited.pdf.

71 "Coffee Brewing: Wetting, Hydrolysis & Extraction Revisited."

72 Nancy Cordoba, Mario Fernández-Alduenda, Fabian L. Moreno, and Yolanda Ruiz, "Coffee Extraction: A Review of Parameters and Their Influence on the Physico-chemical Characteristics and Flavour of Coffee Brews," *Trends in Food Science and Technology*, 96 (2020): 45–60, doi.org/10.1016/j.tifs.2019.12.004.

73 "Coffee Brewing: Wetting, Hydrolysis & Extraction Revisited," 3-4.

74 "Coffee Brewing: Wetting, Hydrolysis & Extraction Revisited," 5.

75 Sunarharum, Williams, and Smyth, "Complexity of Coffee Flavor"; M. Petracco, "Technology IV: Beverage Preparation: Brewing Trends for the New Millennium," in *Coffee: Recent Developments* (Malden, MA: Blackwell Science, 2008).

76 Sunarharum, Williams, and Smyth, "Complexity of Coffee Flavor"; Petracco, "Technology IV."

77 Sunarharum, Williams, and Smyth, "Complexity of Coffee Flavor"; Petracco, "Technology IV."

78 Karolina Sanchez and Edgar Chambers IV, "How Does Product Preparation Affect Sensory Properties? An Example with Coffee," *Journal of Sensory Studies* 30, no. 6 (2015): 499–511, doi.org/10.1111/joss.12184.

79 Yeretzian, Opitz, Smrke, and Wellinger, "Coffee Volatile and Aroma Compounds."

第四章

1 各位可以免費下載《咖啡感官辭典》完整內容：worldcoffeeresearch.org/resources/sensory-lexicon。更多關於該辭典的完成過程，請見 Edgar Chambers IV, Karolina Sanchez, Uyen X. T. Phan, Rhonda Miller, Gail V. Civille, and Brizio Di Donfrancesco, "Development of a 'Living' Lexicon for Descriptive Sensory Analysis of Brewed Coffee," *Journal of Sensory Studies* 31, no. 6 (2016): 465–480, doi.org/10.1111/joss.12237.

2 《咖啡感官辭典》可謂「活生生的紀錄」。它會隨著新屬性的辨識與編碼更新，並視情況更新或增加參考物，在 2016 年出版之後，就已在 2017 年更新過一次。該辭典也有說明在美國境外有時無法廣泛適用。為了解決此問題，新版本與 FlavorActiV 風味公司合作，收錄了全球可取得的參考物。對咖啡專業領域而言，應能更容易取得；對於我們消費者而言，則並非實用。我的屬性選擇也有一併參考這部分的問題。

3 Mario Roberto Fernández-Alduenda and Peter Giuliano, *Coffee Sensory and Cupping Handbook* (Irvine, CA: Specialty Coffee Association, 2021), 65.

4 Fernández-Alduenda and Giuliano, *Cupping Handbook*, 65.

5   請見 worldcoffeeresearch.org/resources/sensory-lexicon.

6   Wenny B. Sunarharum, Sudarminto S. Yuwono, and Hasna Nadhiroh, "Effect of Different Post-Harvest Processing on the Sensory Profile of Java Arabica Coffee," *Advances in Food Science, Sustainable Agriculture and Agroindustrial Engineering* 1, no. 1 (2018), doi.org/10.21776/ub.afssaae.2018.001.01.2.

7   Fabiana Carvalho (@thecoffeesensorium), "Artificial fruit-like aromas in coffee, part 1/3," Instagram 照片，January 6, 2023, www.instagram.com/p/CnEz5q-OxUd; Fabiana Carvalho (@thecoffeesensorium), "Artificial fruit-like aromas in coffee, part 2/3," Instagram 照片，January 10, 2023, www.instagram.com/p/CnPPBdkOQU7.

8   "The Chemistry of Organic Acids: Part 2," Coffee Chemistry, May 6, 2015, www.coffeechemistry.com/the-chemistry-of-organic-acids-part-2.

9   "The Chemistry of Organic Acids in Coffee: Part 3," Coffee Chemistry, last modified August 17, 2017, www.coffeechemistry.com/the-chemistry-of-organic-acids-part-3.

10 "Acetic Acid," Coffee Chemistry，最近修改日期：November 10, 2019，www.coffeechemistry.com/acetic-acid; "The Chemistry of Organic Acids in Coffee: Part 3."

11 Togo M. Traore, Norbert L. W. Wilson, and Deacue Fields III, "What Explains Specialty Coffee Quality Scores and Prices: A Case Study from the Cup of Excellence Program," *Journal of Agricultural and Applied Economics* 50, no. 3 (2018): 349–368, doi.org/10.1017/aae.2018.5.

12 Natnicha Bhumiratana, Koushik Adhikari, and Edgar Chambers IV, "Evolution of Sensory Aroma Attributes from Coffee Beans to Brewed Coffee," *Food Science and Technology* 44, no. 10 (2011): 2185–2192, doi.org/10.1016/j.lwt.2011.07.001.

13 Chambers et al., "Development of a 'Living' Lexicon."

14 Bhumiratana, Adhikari, and Chambers, "Evolution of Sensory Aroma Attributes."

15 《咖啡感官辭典》稱之為四分之一杯，但換成 1 茶匙各位可能更容易理解。兩者等量可能更容易進行盲品。

16 Bhumiratana, Adhikari, and Chambers, "Evolution of Sensory Aroma Attributes."

17 請見「咖啡聞香瓶」說明書的第 20 頁。

18 Tasmin Grant, "What Is Potato Taste Defect & How Can Coffee Producers Stop It?" Perfect Daily Grind, July 28, 2021, perfectdailygrind.com/2021/07/what-is-potato-taste-defect-how-can-coffee-producers-stop-it.

19 Bhumiratana, Adhikari, and Chambers, "Evolution of Sensory Aroma Attributes."

20 W. Grosch, "Flavour of Coffee: A Review," *Molecular Nutrition* 42, no. 6 (1998), 344–350, doi.org/10.1002/(SICI)1521-3803(199812)42:06<344::AID-FOOD344>3.0.CO;2-V.

21 Su-Yeon Kim, Jung-A Ko, Bo-Sik Kang, and Hyun-Jin Park, "Prediction of Key Aroma Development in Coffees Roasted to Different Degrees by Colorimetric Sensor Array," *Food Chemistry* 240 (2018): 808–816, doi.org/10.1016/j.foodchem.2017.07.139.

22   Fernández-Alduenda and Giuliano, *Cupping Handbook*, 43.

23   Chambers et al., "Development of a 'Living' Lexicon."

第五章

1   請見 sca.coffee/research/protocols-best-practices.

2   各位可以在網站「sca.coffee/research/protocols-best-practices」下載官方杯測表格。不過，在撰寫本書之際，精品咖啡協會宣布正在重新評估杯測規則與表格，因為已又二十年尚未更新。最初的目標設計為區分「精品等級咖啡」與「商用咖啡」。精品咖啡協會希望新的表格能「尊重各式各樣消費者的偏好，同時增強咖啡生產者了解如何溝通的能力，以及傳達自家咖啡豆的價值。」目前正在進行如何修改這兩份資料的研究。詳情請見網址「sca.coffee/sca-news/25/issue-18/valuing-coffee-evolving-the-scas-cupping-protocol-into-a-coffee-value-assessment-system」。

3   Mario Roberto Fernández-Alduenda and Peter Giuliano, *Coffee Sensory and Cupping Handbook* (Irvine, CA: Specialty Coffee Association, 2021), 99.

4   YouTube 頻道「The Coffee Lovers TV」曾示範過，請見網址：youtube.com/watch?v=Dw1TrYPOjHY。

5   Fernández-Alduenda and Giuliano, *Cupping Handbook*, 30.

6   Fernández-Alduenda and Giuliano, *Cupping Handbook*, 111.

7   Fernández-Alduenda and Giuliano, *Cupping Handbook*, 4.

8   Ida Steen, *Sensory Foundation* (Denmark: CoffeeMind Press, 2018), 15.

9   Steen, *Sensory Foundation*, 14.

10 烘豆商 Stumptown 並未在咖啡豆包裝標示烘焙程度，我曾說過它幾乎所有咖啡豆都描述為「中等」。但是，我仍認為此描述符合該類型。此練習之所以選擇 Stumptown 的咖啡豆，是因為世界各地的咖啡店與超市幾乎都能取得，另外也可以在網路訂購。

11 Fernández-Alduenda and Giuliano, *Cupping Handbook*, 31.

12 Fernández-Alduenda and Giuliano, *Cupping Handbook*, 74.

13 Fernández-Alduenda and Giuliano, *Cupping Handbook*, 75.

14 Fernández-Alduenda and Giuliano, *Cupping Handbook*, 31.

15 Steen, *Sensory Foundation*, 11.

16 Steen, *Sensory Foundation*, 29.

17 請見 sca.coffee/research/protocols-best-practices.

18 Fabrice Chéruel, Marta Jarlier, and Hélène Sancho Garnier, "Effect of Cigarette Smoke on Gustatory Sensitivity, Evaluation of the Deficit and of the Recovery Time-Course after Smoking Cessation," *Tobacco Induced Diseases* 15 (2017), doi.org/10.1186/s12971-017-0120-4.

索引

頁碼後面有n表示註解。

A

Acetic acid
　　palate development and, 118–120
　　palate exercise for, 122–123
　　sour taste and, 39–40, 42
Acidity, sour taste and, 39–40, 42–43
Aftertaste, flavor and, 27
Anosmia, 101
Aristotle, 31
Aroma
　　coffee flavor and, 25, 44, 111–112
　　memory and, 86–87
　　odorants and, 66–68
　　use of term, 69
Aspartic acid, 48
Astringency, 26, 81, 89, 132
　　biology and chemistry of, 38
　　brewing and, 96–97
　　extraction and, 95
　　mouthfeel, 73, 75–76
　　palate exercise for, 74
　　roasting and, 92
Attributes, use of term, 107–108. 也請見 Flavor notes; Sensory attributes, of coffee

B

Banana flavor, 115
Bitter taste, 31
　　biology and chemistry of, 35–36, 38
　　detection of, 32–33
　　flavor and, 25
　　genetics and, 51
　　palate exercises for, 37, 74
Blinded taste testings
　　double blinded tastings, 154–155
　　setting up of, 150–153
　　solo blinded tastings, 156
Bloom, 94
Blueberry attribute, 109, 115

Body
　　extraction and, 81
　　mouthfeel and, 76
　　palate exercises for, 77, 82
　　use of term, 76
Brewing methods
　　flavor perception and, 17, 94–103
　　mouthfeel of coffee and, 80
Burnt attributes, 134–135
　　palate exercise for, 136–137
Burr grinder, 96, 146
Butyric acid
　　palate development and, 121
　　sour taste and, 39–40, 42

C

C. arabica, 38, 80, 88–89
C. canephora, 38, 80, 88–89
Caffeic acids, sour taste and, 40
Caffeine pills, 35, 36n
Caffeine powder, 35
Carbohydrates, sweet taste and, 43–44
Carboxylic acids, 39, 124
Carry-over effect, tasting and, 152, 162
Carvalho, Fabiana, 22n
Cascara, 116
Chemesthesis (chemical irritation), 26, 60–61, 72–73, 101
Chemesthesis (McDonald et. al), 61
Chemical Senses journal, 55
Chlorogenic acid lactones, 36, 39–40, 42, 76, 88–89, 92
Citric acid
　　attributes of, 141
　　palate development and, 118–120
　　palate exercise for, 122–123
　　sour taste and, 39–40, 42
Cocoa attributes, 128
　　palate exercise for, 129

Coffee, generally, 9–15
　　complexity of beverage, 16–19
　　reasons for choosing high-quality, 19
　　standardized language needed about, 11–15
Coffee beans
　　anatomy of, 91
　　genetics and flavor, 88–89, 101
　　processing and flavor, 18, 90–92
Coffee: Recent Developments, 100
Coffee Science Foundation (CSF), 44
Coffee Sensory and Cupping Handbook (Fernandez-Alduenda and Giuliano), 10–11, 76, 107
Coffee sensory science, 10–11, 15–16, 22–23, 22n
Coffee Taster's Flavor Wheel, 10, 11–12, 15, 18, 107–109, 116, 123, 140–141, 159, 164–166
　　illustrated, 178–179
Colonna-Dashwood, Maxwell, 97
Color associations, taste descriptions and, 164–165
Contact time, impact on extraction, 97
Costimulation, flavor and, 83
Craft Coffee: A Manual (Easto), 13, 14, 96, 97
Culture, impact on perceptions of taste, 34, 50, 54–56
Cupping
　　bitterness and, 36
　　fermentation and, 121
　　flavor notes and, 139, 140
　　how to set up, 144, 145–149, 192n2
　　sweetness and, 44

D

Dairy, 19
Dark roasted, use of term, 138
Decoction brewing methods, 80, 98
Descriptive tasting, 145
Discriminative tasting, 145
Double blinded tasting, 154–155
Dried fruit attribute, 116
　　palate exercise for, 117

E

Effervescent flavor note, 139, 141

Emotions, flavor perception and, 86–87
Epson salts, 35–36
Ethyl 3-methylbutanoate, 67
Exhaling, when taste testing, 160
Expectation, mouthfeel of coffee and, 71, 81
Extraction
　　factors affecting, 96–97
　　overextraction's results, 30, 34, 42, 81, 95, 96
　　stages of, 94–95
　　underextraction's results, 33, 34, 42, 48, 81, 95, 96
Extraction yield (EY) (percent extraction), 95, 97

F

Fatty (oleogustus) taste, 32
Fermented attribute, palate development and, 121
Fernandez-Alduenda, Mario Roberto, 10–11, 76, 107
Filters, flavor perception and, 100
Flavor
　　aroma attributes of coffee and, 111–112
　　as multimodal experience, 21–27, 60
　　senses and, 25–26, 30
Flavor, perception of, 83–102
　　beans' origins and processing and, 90–92
　　brewing and consumption and, 94–100, 101
　　chemical and physical properties of beans, 101
　　emotion and memory and, 86–87
　　genetics of beans and, 88–89, 101
　　multisensory integration and, 83–87, 88, 100–102
　　neurology and physiology of tasters, 101
　　psychology and sociology of tasters, 102
　　roasting and, 102–103
Flavor notes, 14–15, 16–19, 100
　　language and vocabulary and, 106
　　problems with, 10–11, 139–142
　　techniques to detect, 160–161
Flavor wheel. 請見 Coffee Taster's Flavor Wheel

索引　　**195**

Floral attributes, of coffee, 124, 126, 141
  palate exercise for, 125
  4-ethylguaiacol, 67
Fragrance
  coffee flavor and, 23–24
  use of term, 69
Fruity attributes, of coffee, 113, 115–116, 141
  blueberry and, 109, 115
  palate exercises for, 114, 117
Furfuryl acetate, 115

G

Genetics, of coffee beans, flavor perception and, 88–89, 101
Genetics, of coffee tasters
  impact on perceptions of taste, 34, 50, 51, 53
  palate exercise for, 52
Geosmin, 64n
Giling Basah, 130n
Giuliano, Peter, 10–11, 76, 107
Goody's powder, 35–36, 36n
Green/vegetative attributes, 130, 130n, 132
  palate exercise for, 131
  potato defect and, 132–133
Grind size, impact on extraction, 96

H

Hacienda La Esmeralda, 126
Hay and straw, memory and flavor perception, 87, 189n53
Hedonic value, taste and, 32–33, 86
Hendon, Christopher, 97
Hibiscus flavor note, 139, 141
Honey process, 90, 113, 116
"Human brain flavor system," 85–86

I

Ikeda, Kikunae, 31
Infusion (pour over) brewing method, 76, 94, 98–99

Insoluble solids, mouthfeel of coffee and, 78, 80
Intramodal enhancement, flavor and, 84
Isoamyl acetate, 115
Isovaleric acid, 40, 121
Izaki, Hidenori, 50

J

Japanese cuisine, culture and perceptions of taste, 55

L

Language and vocabulary
  need for subjective, standardized, 11–15
  palate development and sensory perceptions, 104, 105–107
  taste descriptions and, 164–166
Lexicon. 請見 *Sensory Lexicon*
L-glutamate, 48
Light roasted, use of term, 138
Lipids, mouthfeel of coffee and, 78, 80
Lock and key principle, of senses, 61–62

M

Magnesium sulfate, 35–36
Maillard reactions, 25, 66, 92, 134
Malic acid
  palate development and, 118–120
  palate exercise for, 122–123
  sour taste and, 39–40, 42
Medium roasted, use of term, 138
Memory, flavor perception and, 86–87
Mennella, Julie, 54
Mixture suppression, palate exercise for, 163
Mouthfeel, 75–76, 78, 80–81, 166
  defined, 71
  expressions of texture and, 79
  when taste testing, 160–161
Multisensory integration, flavor and, 83–86, 88, 100–102

N

Natural (dry) processing
    flavor perception and, 90, 91–92
    fruity attributes and, 10, 91, 113, 116, 151
Neurogastronomy, 84
Neurological tasting biases, 151, 152–153, 159
Nez du Cafe aroma kit, 64n, 67–68, 87, 135
Nutty attributes, 126, 128
    palate exercise for, 127

O

Odor, use of term, 69
Ohio State University, 44
Orbitofrontal cortex, sensation and, 83, 86
Orthonasal olfaction, 24, 25, 63–64, 69, 159
Overextracted coffee, taste and texture of, 30, 34, 42, 81, 95, 96

P

Palate development
    aroma and flavor attributes, generally, 111–112
    flavor note problems, 139–142
    intentional eating and, 111
    language and vocabulary and, 104, 105–107
    Sensory Lexicon and, 107–110, 191n2
Palate exercises
    astringency and bitterness, 74
    bitter taste, 37, 74
    body, 77, 82
    cocoa attributes, 129
    dried fruit attributes, 117
    floral attributes, 125
    fruity attributes, 114
    green/vegetative attributes, 131
    mixture suppression, 163
    nutty attributes, 127
    raw + roasted + burnt attributes, 136–137
    retronasal olfaction, 65
    salty taste, 47
    sour taste, 41
    sour/acid attributes, 122–123

    supertasters and, 52
    sweet taste, 45
    umami, 49
Particle size, impact on extraction, 96
Percent extraction (PE), 42, 95, 97
Petrichor, smell of, 64, 64n
Phenylindanes, 36, 38
Phenylthiocarbamide (PTC), 51, 53
Phosphoric acid, 39
Physiological tasting biases, 151
Pink lemonade flavor note, 139, 141
Polysaccharides, mouthfeel and, 78, 80
Potato defect, 132–133
Pour over (infusion) brewing method, 76, 94, 98–99
Pressure brewing methods, 99
Processing, of beans, flavor perception and, 18, 90–92
Proteins, umami and, 50
Psychological tasting biases, 151
Pyrazine, 126, 132–133

Q

Q grader, 140, 157
Quality, coffee flavor and, 10, 17, 60
Quinic acids, sour taste and, 40, 73

R

Raw + roasted + burnt attributes, 134–135
    palate exercise for, 136–137
    roast characteristic and color, 138
Release from suppression, tasting and, 152, 162
Retronasal olfaction, 25–26, 38, 40, 44, 63, 64–66, 69, 84–85, 160
palate exercise for, 65
Roasted attributes, 134–135
palate exercise for, 136–137
Roasting
    acidity and, 43
    fair trade prices and, 19n
    flavor perception and, 18, 92–93
    roast characteristic and color, 138

S

Salty taste, 31
    biology and chemistry of, 46, 48
    detection of, 32–33
    flavor and, 25
    palate exercise for, 47
Senses
    aftertaste and, 27
    aroma and, 25
    coffee flavor and, 22–23
    flavor and, 25–26
    flavors as sum of sensory inputs, 60
    fragrance and, 23–24
Sensory attributes, of coffee
    flavor wheel and, 108–110
    floral attributes, 124–126
    fruity attributes, 113–117
    green/vegetative attributes, 130–133, 130n
    nutty/cocoa attributes, 126–129
    raw+roasted+burnt attributes, 134–138
    sour/acid attributes, 118–123
Sensory fatigue, avoiding of, 162
Sensory Foundation (Steen), 161
Sensory fusion, flavor and, 84
Sensory Lexicon, 10, 11–12, 15, 39, 48, 69, 106–107
as reference for palate development, 107–110, 191n2
也請見 Sensory attributes, of coffee
Sensory literacy, 144
Shepherd, Gordon M., 62, 83, 85
    6-n-propylthiouracil (PROP), 51, 53
Slurping, when taste testing, 160
Smell, sense of (olfaction), 22–23, 60, 61, 69
    flavor and, 30
    odorants and science of, 61–64, 66–68
    orthonasal olfaction, 24, 25, 63–64, 69, 159
    retronasal olfaction, 25–26, 38, 40, 44, 63, 64–66, 69, 84–85, 160
"smell images" in brain, 62
use of term, 69
Social bias, tastings and, 156
Solo blinded tasting, 156

Sour taste, 31
    acidity and, 39–40, 42–43
    biology and chemistry of, 39–40, 42–43
    detection of, 32–33
    flavor and, 25
    palate exercise for, 41, 122–123
    sour/acid attributes, 118–120, 141
Spark brew, 9–10
Specialty Coffee Association (SCA)
    astringency and, 76
    bitterness and, 35, 36
    Coffee Sensory and Cupping Handbook, 10–11, 76, 107
    communication about flavor and, 108
    contact time during brewing and, 97
    cupping and, 145, 151, 157, 161, 192n2
    flavor attributes and, 26
    flavor wheel and, 109
    odorants and, 66–68
Sensory Summit of, 15
    standardized language and, 12, 13, 106–107
    sweetness in coffee research and, 44
    taste and, 75
Steen, Ida, 161
Supertasters, 51, 53
    palate exercise for, 52
Sweet taste, 31
    aroma and, 68
    biology and chemistry of, 43–44
    detection of, 32–33
    flavor and, 25
    palate exercise for, 45

T

Taction (mechanoreceptors), 68, 72
Tannins, mouthfeel and, 73
TAS2R7 taste receptor, 35
Taste, sense of (gustation), 22–23, 29–58
    culture's impact on, 34, 50, 54–56
    developing and retraining of palate, 56–58
    flavor and, 25–26
    genetics' impact on, 34, 50, 51, 53

quality and intensity of, 32–33
science of, 34–50
workings of, 31–34
Tasting methods, 143–166
bias and errors in, 151
blinded testings, 150–156
cuppings, 145–149, 192n2
note-taking and record keeping, 180–181
side-by-side testings, 150
sourcing coffees for, 153
triangulation, 150, 156–159
Temperature
impact on extraction, 96
mouthfeel and, 75
somatosensory receptors and, 68
taste and, 26, 75
Texture, chart of expressions of, 79. 也請見 Mouthfeel
"Texture Is a Sensory Property"(Szczesniak), 78
Thai cuisine, culture and perceptions of taste, 55
Thickness and texture, mouthfeel and, 75, 76, 78
Tongue map, as myth, 34
Total dissolved solids (TDSs), 38, 42
Touch, sense of (somatosensation), 22–23, 60
flavor and, 22, 22n, 26, 30
science of, 68, 70–71, 75
也請見 Chemesthesis (chemical irritation); Mouthfeel
Triangulation, 150, 156–159
Trigeminal nerve, sense of touch and, 60, 70–71, 72–73. 也請見 Chemesthesis (chemical irritation)
2-furfurylthiol, 135
2-Isopropyl-3-methoxypyrazine, 130

U

UC Davis Coffee Center, 23, 44
Umami, 31
biology and chemistry of, 48, 50
detection of, 32–33
flavor and, 25

palate exercise for, 49
Underextracted coffee, taste and texture of, 33, 34, 42, 48, 81, 95, 96

V

Volatile compounds
aroma and, 25
flavor and, 26
fragrance and, 24

W

Water
coffee flavor and, 97
flavor perception and, 17
Water for Coffee (Hendon and Colonna-Dashwood), 97
Wet (washed) processing, flavor perception and, 90–91, 92
World Coffee Research, 26, 111–112. 也請見 *Sensory Lexicon*
World Cup Tasters Championship, 157

關於作者

傑西卡・伊斯托 (Jessica Easto) 是印第安納州西北部的作家和編輯。她獲得田納西大學新聞系學士和南伊利諾伊大學創意寫作碩士。她的第一本書《精萃咖啡》於 2017 年出版,並被《The Food Network》、《Wired》、《Sprudge》和《Booklist》評為年度最佳飲食書籍。她同時在芝加哥帝博大學編輯書籍並教授文案編輯和校對。請訪問 jessicaeasto.com 了解更多信息,並在 Instagram @j.easto 上關注她。